LE

VIGNOBLE CHAMPENOIS

SA CULTURE ET SES PRODUITS

DEPUIS LE Ve SIÈCLE JUSQU'A NOS JOURS.

RECHERCHES SUR L'INVENTION DES VINS MOUSSEUX

PAR

Paul URBAIN et Léon JOURON.

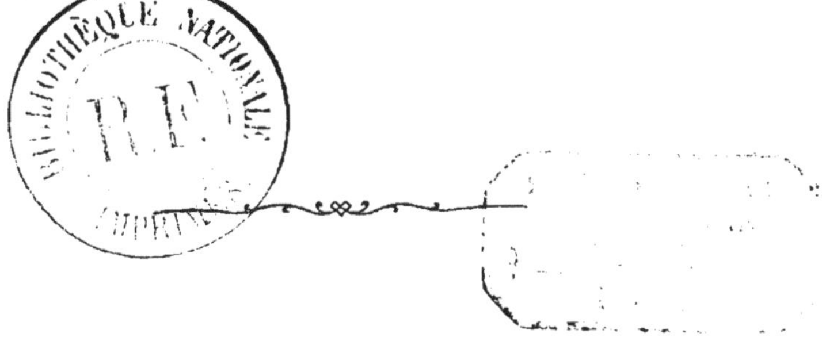

NEUFCHATEL-EN-BRAY,
IMPRIMERIE DE MADAME CŒURDEROY-FÉRAY,
RUE CAUCHOISE.

1873.

LE VIGNOBLE CHAMPENOIS.

SA CULTURE ET SES PRODUITS.

I.

Le Vignoble ancien. — Ses produits. — Recherches sur l'invention des vins mousseux.

La culture de la vigne en Champagne remonte à des temps très-reculés, cependant on ne trouve aucun document précis qui puisse permettre de fixer exactement l'époque à laquelle cette culture a été introduite dans notre pays.

Les premiers documents certains qui jettent quelque lumière sur ce sujet remontent au VIe siècle. Le testament de saint Remi, ceux de Romulf et de Sonnace, ses successeurs, portent des dons de vignes faits par ces évêques à des communautés religieuses. En 1060, Thibault Ier, comte de Champagne, exempta de tous droits, par une charte, les vins que l'abbaye de Montierender prenait sur le terroir d'Epernay. Au XIIIe siècle, la culture de la vigne en Champagne a déjà pris une grande extension, et fournit à cette époque des vins assez estimés pour que des villes champenoises, Reims entre autres, osent offrir leurs vins en présent à des princes.

Aux sacres de François II et de Charles IX, le vin de Champagne est offert de compagnie avec le vin de Bourgogne, et Charles IX le goûta tellement qu'il acquit un vendangeoir à lui propre dans Aï, vignoble qui avait alors et a encore aujourd'hui une grande renommée.

« François Ier, Charles-Quint, le pape Léon X et Henri VIII d'Angleterre, voulurent toujours user du vin d'Aï comme le plus excellent et le plus épuré de toute senteur de terroir. Ils avaient tous leur propre maison dans Aï ou proche Aï, pour faire plus curieusement leur provision (1). »

Le pape Urbain II préférait le vin d'Aï à tous les vins du monde. L'empereur Sigismond, venant en France en 1410, voulut passer par Aï pour goûter le vin du crû sur les lieux et dans la ville même.

Au sacre de Louis XIII, le vin de Champagne fut seul offert; autrefois il paraissait dans cette cérémonie avec le vin de Bourgogne.

La renommée des différents crûs de la Champagne grandissant, les poëtes chantèrent ces vins, et la différence de leurs goûts amena de grandes et courtoises discussions entre eux. Bertin du Rocheret, président et grand-voyer de l'élection d'Epernay, qui était propriétaire dans le vignoble d'Aï et professait pour les vins de ce crû un véritable culte de gourmet, protesta contre des triolets de M. de Sénecé, qui avait préféré le vin de Reims au vin d'Aï, par d'autres triolets qui se terminent ainsi :

(1) Lettre de Saint-Evremond au comte d'Olonne, où il lui conseille l'usage du vin d'Aï. Saint-Evremond, le comte d'Olonne et le marquis de Bois-Dauphin, les gourmets les plus émérites de leur temps, ne voulaient voir sur leur table que les vins d'Aï, d'Hautvillers et d'Avenay.

Notre bon roi, le grand Henri, (1)
En régalait sa belle hôtesse;
Quand il couchait à Damery,
Notre bon roi le grand Henri,
C'était là son vin favori
Et son pain celui de Gonesse.
Notre bon roi, le grand Henri,
En régalait sa belle hôtesse.

Il est hors de doute, qu'avant 1700, la Champagne ne produisait que des vins non mousseux. Les vins d'Aï, de la montagne de Reims, de la Marne étaient rouges; la montagne d'Avize produisait aussi des vins rouges dans certains endroits et des vins blancs dans d'autres.

Dans les crûs de raisin noir, c'étaient tous vins d'une grande finesse, tels que les vins si renommés d'Aï, d'Hautvillers, d'Avenay, de Bouzy, Verzenay, etc., et ceux-ci étaient bien plus estimés que les vins blancs qui laissaient beaucoup à désirer. Pour les personnes qui ont pu goûter de vieux vins rouges des bons crûs champenois, il est facile de comprendre la concurrence qu'ils pouvaient faire aux vins de la Bourgogne, avec lesquels ils avaient une certaine analogie, tout en ayant peut-être plus de corps et de fin bouquet. A cette époque, la Bourgogne produisait exclusivement des vins rouges, ou du moins ces derniers étaient les plus estimés; la lutte entre les vins de Champagne et les Bourguignons serait donc un argument qui permettrait d'affirmer que la Champagne produisait aussi presque exclusivement des vins rouges et fort peu de vins

(1) En 1592, pendant le siége d'Epernay, Henri IV était campé à Chouilly. Ce prince allait souvent à Damery rendre visite à la présidente du Puy, qui y demeurait dans son vendangeoir. C'est cette dame que le roi appelait sa belle hôtesse. C'est aussi en revenant d'une de ces visites, que fut tué le maréchal de Biron. Il avait ramassé le chapeau qu'un coup de vent avait enlevé de la tête du roi, et s'en était couvert en plaisantant. Un artilleur d'Epernay, qui savait que le roi portait un panache blanc à son chapeau, pointa sa pièce en criant : « Au Béarnais! » Le boulet emporta la tête du maréchal. (*Œuvres choisies de Bertin du Rocheret.*)

blancs; or, les vins rouges champenois n'ont jamais été mousseux, et les vins blancs étaient si peu goûtés que nous ne doutons pas que, si on eût connu plus tôt la mousse, la renommée des vins mousseux de Champagne aurait une origine bien plus reculée que celle que nous lui connaissons. Partant de ces observations, on peut presque assurer qu'à cette époque les vins blancs servaient à la consommation locale de certains vignobles, tandis que le commerce portait presque tout entier sur les vins rouges. Aujourd'hui, c'est le contraire qui a lieu : les vins blancs mousseux sont l'objet spécial du commerce champenois, et la Champagne ne produit plus qu'une quantité de vins rouges secondaires, bien insuffisante à la consommation du pays.

Les plants employés en Champagne, pour le raisin noir, sont d'ailleurs originaires de la Bourgogne. Les modifications qu'ils ont subies dans un sol et sous un climat différents de ceux de leur lieu d'extraction, ne sont pas assez profondes pour qu'on ne puisse pas les rapprocher de leur type originel.

Les vins blancs étaient tellement aigres et raiches qu'on les réputait des moindres du pays; ceux d'Avize surtout, qui jouissent aujourd'hui d'une grande et légitime réputation.

C'est justement ce bourg d'Avize qui nous permet d'éclairer la question au point de vue des vins mousseux, et c'est en faisant des recherches à son sujet que nous avons trouvé dans le journal des États tenus à Vitry-le-Français en 1744, des documents précieux sur ces vins. Bertin du Rocheret, qui a rédigé ce journal, y dit, entre autres choses touchant Avize :

« Les paroises d'Avize et de Flavigny fixèrent l'attention de « l'assemblée par la représentation qu'elles firent de leurs « titres (1).

« Avize est un bourg assez considérable, extrêmement aug- « menté depuis douze ou quinze ans environ par la *frénétique*

(1) De ces deux bourgs, Avize seul est un vignoble.

« invention du vin mousseux. Il était encore pauvre en 1719. « Le comte de Lhéry, qui en était seigneur, y fit abattre les « restes des murs, tours et remparts et combler les fossés, « en qualité de gouverneur, qualité qu'il avait obtenue par « l'acquisition qu'il avait faite de ces gouvernements munici- « paux, créés à la suite du système de Law, ayant fait ériger « celui-ci pour brider ses habitants, dont il croyait avoir sujet « de se plaindre (1).

« Aussi les quitta-t-il quelque temps après en vendant sa « terre à la dame veuve de monsieur Jacques Charuel, ancien « maître des comptes. Leurs vignes, presque toutes plantées « de ceps blancs, ne leur produisaient qu'un petit vin aigre et « d'un goût raiche qui le faisait réputer un des moindres du « pays; aussi ne se vendait-il ordinairement que 25 ou 30 « francs la queue (muid et demi, soit 278 litres 21 centilitres). « Mais depuis la manie du saute-bouchon, cette abominable « boisson, devenue encore plus rebutante par un acide insup- « portable, se vend jusqu'à 300 francs, et l'arpent de vigne « (43 ares 27), dont on ne voulait pas à 250 francs, a été porté « jusqu'à 2,000 francs. Aussi Avize est-il orné depuis ce temps « d'une quantité de belles maisons de vendange, qui en ont « absolument changé toute la face, etc. »

D'après ce document, il est certain que le saute-bouchon champenois remonte tout au plus à 1730, et qu'Avize, dont les vins blancs n'avaient pas grande valeur à cette époque, voyant l'avantage qu'il pouvait tirer de cette découverte, en fut, sinon l'inventeur, du moins le propagateur.

A qui la Champagne doit-elle cette invention? Au hasard probablement, car aucun nom ne nous est parvenu auquel on puisse rattacher cette découverte, et l'espace de temps qui s'est écoulé depuis est trop peu considérable pour que ce

(1) Ils avaient brisé les vitres de son carrosse à coups de pierres, et rossé ses laquais.

nom, si nos pères l'avaient connu, ne nous soit pas parvenu. D'ailleurs, le mérite seul de cette découverte, dont notre pays a tant profité, aurait suffi pour attacher un titre indélébile au nom de l'inventeur, et la reconnaissance de toute la Champagne n'aurait pas laissé tomber dans l'oubli un homme qui lui aurait rendu un pareil service.

L'attribution au hasard seul, de cette invention, nous paraît la mieux fondée, et ce que nous allons développer ci-dessous en sera, nous croyons, une preuve presqu'irréfutable.

Avant cette découverte, les crûs de raisin noir ne fournissaient presque certainement que des vins rouges, auxquels on donnait tous les soins; les vins blancs étaient peu réputés, et, par conséquent, peu goûtés; les soins qu'on leur donnait étaient donc beaucoup moindres que ceux que l'on donnait aux premiers, et c'est peut-être à ce manque de soins qu'est due la découverte du vin mousseux. En effet, il n'est pas impossible que le vin, abandonné à lui-même, ait pris mousse dans une année très-chaude et sans que cette mousse fut attendue du propriétaire chez qui le fait s'était produit. Rien non plus n'empêche de supposer que le fait se soit reproduit chez plusieurs personnes et dans plusieurs localités, et cela aurait parfaitement suffi pour amener des essais et des études qui ont permis de profiter d'un simple effet du hasard.

En 1700, la Champagne luttait avantageusement contre les vins rouges de Bourgogne ; elle soignait ses vins aussi bien que les Bourguignons les leurs.

Quelques années après, le vin mousseux blanc supplantait les vins rouges, et les soins que nécessitait ce vin mousseux, tous différents de ceux que demandaient les vins rouges, firent presque abandonner la production de ces derniers. Aujourd'hui, la Bourgogne a incontestablement le pas sur nous pour les soins donnés aux vins rouges; mais il n'est pas de pays où la manipulation des vins blancs et tous les soins qu'ils nécessitent aient atteint un degré de perfection aussi avancé qu'en Champagne.

Notre contrée ne fabrique plus guère de vins rouges, qui sont toujours des vins très-secondaires, quoique agréables, et qui ne servent pour ainsi dire qu'à la consommation locale. D'après l'extrait de Bertin du Rocheret, donné plus haut, il est facile de reconnaître que, dans les commencements, les vins mousseux n'étaient pas sucrés, ce qui devait, en effet, les rendre très-désagréables et très-durs L'invention prit pourtant une grande extension ; tous le vignobles de raisin blanc des environs, voyant le parti qu'Avize tirait du saute-bouchon, l'imitèrent, et bientôt toute la Champagne ne fit plus guère que des vins mousseux.

On perfectionna, on épura le vin, on y ajouta une certaine dose de sucre (1) ; enfin, après les améliorations apportées chaque jour à la culture de la vigne; après les soins constants donnés à ses produits, on a créé ce vin agréable, léger, délicat, fin et pétillant que la Champagne expédie dans l'univers entier.

De 1730 à 1780, les vins mousseux firent peu de progrès ; on n'en fabriqua qu'à titre d'essai, et en petite quantité, quelques milliers de bouteilles ; les vins rouges et blancs non mousseux avaient encore la prépondérance.

Enfin, après bien des tâtonnements et des améliorations, vers 1780, les vins blancs mousseux prirent leur essor et renversèrent complètement les vins rouges et blancs non mousseux.

En 1780, un tirage de 6,000 bouteilles en vin mousseux est fait à Epernay. C'était un essai hardi et dangereux que la réussite couronna.

En 1787, un négociant de Pierry tire 50,000 bouteilles en

(1) Les premières maisons de commerce établies en Champagne avaient presque toutes une siroterie où l'on préparait un sirop de raisin qui servait à l'opération des vins mousseux.

vin mousseux. A Avize, MM. Maréchal et Soulès père et fils fondent deux maisons pour la vente spéciale des vins de Champagne mousseux, surtout en Allemagne et en Russie. Peu de temps après, M. Lecomte et son beau-père, M. Champion, de la même localité, fondent de même une maison dont le principal débouché était Paris; mon aïeul leur succède et reprend leur maison; ses expéditions prennent assez d'importance pour qu'il fonde à Paris une succursale pour l'écoulement de ses produits. Les soupers de la Régence avaient porté à leur apogée les vins de Champagne non mousseux; les invasions de 1814 et de 1815 firent connaître et apprécier davantage par les étrangers, qui s'en gorgèrent sur place, nos vins mousseux (1). Dès lors, toutes les barrières tombèrent, et les pays étrangers furent ouverts à nos produits; la Russie, l'Allemagne, l'Angleterre même, notre vieille ennemie, rivalisèrent pour la consommation; et, aujourd'hui, c'est à peine si la Champagne peut suffire, par sa production, aux immenses demandes qui lui viennent de tous les points du globe.

Cette consommation si grande, ces débouchés ouverts de toutes parts, tentèrent les vignobles de raisin blanc étrangers à la Champagne.

Beaucoup de pays : Saumur, Arbois, Saint-Péray, Bar-le-Duc, en France; une partie du Rheingau, en Allemagne, imitèrent nos vins mousseux, sans pouvoir toutefois les égaler. Tous ces vins, malgré les soins apportés à la fabrication, pèchent surtout par un point : le manque de légèreté; et, bien que la plupart de nos plants dérivent de ceux de ces pays, nos produits sont tellement supérieurs à leurs rivaux, que cette con-

(1) Ce petit travail était terminé avant les affreux revers qui viennent de frapper notre pauvre pays; il a été malheureusement donné à des personnes qui avaient vu les premières invasions, de voir notre sol foulé de nouveau par les hordes allemandes. Les Vandales d'aujourd'hui sont bien les dignes fils des Barbares d'hier. Il est impossible de dire l'effrayante quantité de vin de Champagne dont ils se sont gorgés pendant la guerre et dont se gorgent encore ceux qui occupent nos malheureux départements.

currence ne peut faire de tort qu'aux vins tout-à-fait inférieurs de la Champagne.

En effet, la mousse ne suffit pas pour faire du vin de Champagne, il faut encore : finesse, délicatesse, vinosité, arôme, vivacité, légèreté idéale, qualités qui font de notre vin mousseux un vin à part, un type contre lequel les vins mousseux des autres pays ne peuvent lutter, et qu'ils ne pourront jamais égaler.

Pourquoi ne pas l'avouer, notre culture toute spéciale peut bien y contribuer pour une faible partie ; mais nous devons surtout la qualité de nos vins à notre sol et à l'action climatérique qui ne se trouvent pas réunis dans les mêmes conditions pour les vins rivaux.

Vers 1795, toute la Champagne, voyant le développement que prenaient les quelques maisons qui expédiaient, voulut expédier aussi ; alors commencèrent ces réputations colossales et ces grandes maisons dont la prospérité toujours croissante fait l'honneur de notre pays.

Le vin de Champagne mousseux devínt alors d'un usage général ; les vins des premiers crûs atteignirent un prix assez élevé qui tend à monter encore, et la spéculation s'empara des vins secondaires pour fournir des vins à bon marché. Le développement que prit l'expédition de ces derniers devint si considérable, que la quantité produite par les vignobles secondaires fut insuffisante ; on en vint alors, pour fournir à bon marché, à des tripotages où des vins étrangers à la Champagne entrèrent pour une certaine quantité ; de sorte que, pour ne pas être trompé, il faut se fournir de produits de premiers crûs livrés par les plus anciennes et les plus renommées maisons de la Champagne, maisons à qui une réputation laborieusement et honnêtement acquise ne permet pas de descendre à de pareils procédés de fabrication.

Le vignoble champenois se trouve à l'extrême limite de la viticulture en France, au 49me degré de latitude.

D'après la statistique générale du département de la Marne, on cultive environ 17,000 hectares de vignes dans ce département; mais il faut restreindre cette culture, en ce qui concerne le vin de Champagne dit de commerce, à environ 6,000 hectares répartis dans trois arrondissements, qui seuls se livrent avec succès à cette culture spéciale; ce sont : les arrondissements de Reims, d'Epernay, et le canton de Vertus, qui dépend de l'arrondissement de Châlons. Ces trois arrondissements sont sillonnés d'une série de coteaux plus ou moins élevés, et par la Marne, qui forment quatre artères bien distinctes qui divisent cette riche contrée en quatre sections :

1° La Montagne de Reims;

2° La Rivière de Marne (rive droite) ;

3° La Rivière de Marne (rive gauche, appelée aussi Côte-d'Epernay) ;

4° La Montagne d'Avize (1).

(1) Outre l'étendue et l'importance de son vignoble, la Montagne d'Avize offre encore l'avantage d'une position stratégique d'une grande valeur.

Elle se compose d'une chaîne de collines d'un seul tenant, d'un abord difficile sur presque tout son parcours, et impossible en beaucoup d'endroits, où la roche est à pic. Trois gros mamelons isolés et très-rapprochés de la chaîne principale, forment comme trois positions avancées et presque imprenables; ce sont : le mamelon de Bernon, près d'Epernay, qu'on doit, dit-on, fortifier plus tard et qui est à l'extrémité nord de la chaîne de collines; le Mont-Saran, près Cramant, qui est au centre de la chaîne, faisant face à l'est, et enfin le Mont-Aimé, près Vertus, à l'extrémité sud de la chaîne; les alliés y campèrent en 1814. Au pied de tous ces coteaux et mamelons, sur un front de près de trois lieues, une épaisseur de vignes accidentées de plus d'un kilomètre et six gros bourgs à mi-côte.

En avant une plaine de sept lieues, nue et sans abri, où l'ennemi se trouverait acculé à deux rivières, la Marne et la Somme-Soude, qui prend sa source à Vertus, et qui forment, réunies, un fer-à-cheval dont les collines forment la partie ouverte, position fort dangereuse pour lui en cas d'insuccès dans son attaque des hauteurs; derrière, sur le plateau, des bois épais, de toutes les essences, qui s'étendent jusqu'en Brie et sont sillonnés de bons chemins.

Au bas des vignes, à 400 ou 500 mètres des pays, un chemin de fer

Les trois premières contrées cultivent le raisin noir presque exclusivement, sauf le vignoble de Verzy, dans la Montagne de Reims, qui cultive le raisin blanc en majorité. La Montagne d'Avize cultive le raisin blanc, le vignoble de Vertus excepté, où le raisin noir se rencontre exclusivement. Chacune de ces contrées compte au moins un grand crû de premier ordre et souvent deux.

La Montagne de Reims possède Verzenay et Bouzy; dans la

passe, qui relie la ligne de l'Est à la ligne de Mulhouse, d'Epernay à Romilly, et enfin la Marne, le canal et la ligne de l'Est, défendus par le mamelon de Bernon, qui couvre Epernay et défendrait aussi la route de Paris à Metz, par Meaux, Château-Thierry, Epernay, Châlons, Vitry-le-Français, etc.

Du côté de Vertus, le Mont-Aimé couvre le chemin de fer d'Epernay à Romilly, qui sera peut-être prolongé plus tard jusqu'à Orléans, ainsi que la route de Paris à Strasbourg par Montmirail, à droite du Mont-Aimé, à quelques kilomètres et un peu en arrière des marais, comme Saint-Gond et Coligny, à peine coupés de chaussées faciles à détruire et couvrant complètement la droite de la position.

Au milieu de tout cela, de bonnes routes et chemins très-praticables à l'artillerie et rejoignant les deux routes de Paris à Strasbourg et à Metz, et offrant une ligne de retraite appuyée à d'autres mamelons très-faciles à défendre et couverts de bois.

Napoléon Ier avait songé à cette position pour lutter contre les alliés; il la fit même reconnaître avec soin, mais l'insuffisance des chemins et leur mauvais état le détournèrent de ce projet. Aujourd'hui les chemins sont nombreux et bons.

On s'attendait si bien à une résistance sur ces positions, qu'à l'approche de l'ennemi la panique s'empara des habitants, tant ils croyaient à une bataille après une première lutte dans les plaines catalauniques; aussi, beaucoup d'entre eux, voyant l'armée du maréchal de Mac-Mahon se former à Châlons, s'étaient-ils réfugiés dans les bois avec leurs bestiaux et ce qu'ils avaient de plus précieux.

Ils en furent quittes pour la peur; mais si, au lieu d'aller à Sedan, on s'était replié sur ces positions après une bataille douteuse dans les plaines de Châlons, peut-être la seconde lutte dans notre pays, sur ces positions, aurait-elle été un succès qui nous aurait bien payé des sacrifices qu'il nous auraient coûtés, sacrifices que tous, même ceux qu'ils eussent dû le plus atteindre, auraient supportés courageusement à ce moment où rien n'était perdu encore.

Marne (rive droite), Aï mérite le premier rang; la Marne (rive gauche), tout en possédant d'excellents crûs, n'a pas de vignobles produisant des vins de première tête; enfin, dans la Montagne d'Avize on rencontre Cramant et Avize; dans cette contrée le vin de raisin noir de Vertus peut être classé dans les vins de premier choix, sans cependant passer pour tête de crû comme Aï, Bouzy et Verzenay.

La Montagne de Reims comprend les vignobles suivants :

Verzenay.	345	hectares.
Sillery.	50	—
Romont.	10	—
Ambonnay.	115	—
Ludes. / Chigny. / Rilly. } Ensemble. . . .	500	—
Bouzy.	126	—
Mailly.	77	—
Verzy.	345	—
Trépail.	100	—
Villers-Marmery.	195	—
Villedommange.	100	—
Saint-Thierry.	12	—
Total.	1,975	hectares.

Plus les vignobles de Marcilly et d'Hermonville, dont les contenances en hectares et le rendement que nous estimons à dix pièces de deux hectolitres à l'hectare, ne nous sont pas entièrement connus.

Presque tous ces vignobles, et parmi eux les plus renommés, Verzenay et Mailly, offrent une particularité déjà observée dans plusieurs grands crûs de la France, c'est qu'ils sont exposés en plein nord.

Le prix des vins bruts de cette contrée varie tous les ans, suivant la qualité, la quantité récoltée et les besoins du commerce. Ce prix a atteint aujourd'hui presque le double de ce qu'il était il y a quinze ans. En 1868, les vins de Verzenay se sont vendus 450 fr. les deux hectolitres; en 1869, ils ont atteint 550 et 600 fr.

Dans la partie dite Rivière de Marne (rive droite), se trouvent les vignobles suivants :

Aï.	300 hectares.
Mareuil	234 —
Avenay	187 —
Dizy	126 —
Hautvillers	241 —
TOTAL.	1,088 hectares.

Plus les vignobles de Cumières et de Champillon, dont la contenance en hectares et le rendement nous sont inconnus.

Le vignoble d'Aï a vendu ses vins bruts 550 et 600 fr., les meilleures cuvées en 1869.

La Rivière de Marne (rive gauche), comprend :

Epernay.	330 hectares.
Mardeuil.	203 —
Pierry.	112 —
Moussy	110 —
Chouilly.	250 —
Damery	200 —
Monthelon	75 —
Mancy.	75 —
Saint-Martin-d'Ablois. . . .	50 —
Vinay.	120 —
TOTAL.	1,525 hectares.

Tous ces vignobles, tout en donnant encore de bons vins, n'atteignent jamais des prix aussi élevés que les autres, ce qui tient au plant dont les vignes sont formées dans beaucoup de localités qui les composent.

Monthelon, Moussy, Vinay, ont particulièrement la réputation de faire des vins mous et peu solides, quoique ne manquant pas de bouquet; cette réputation est justifiée non pas par la nature du sol, mais par le cépage employé. Ces vignobles ont adopté le plant de meunier. Cette espèce donne abondamment, mais ses produits sont beaucoup moins fins et délicats que ceux du pineau noir ou du plant vert-doré d'Aï. Le cépage de meunier s'étend aujourd'hui jusque sur le territoire de Pierry et même sur celui d'Epernay. L'usage introduit depuis quelques années en Champagne d'acheter les récoltes de raisin au kilogramme, tend à généraliser l'abus des gros plants qui donnent plus de raisins, mais dont les produits sont inférieurs à ceux des autres cépages. Le commerce champenois, qui a introduit ce mode d'achat, a le tort de ne pas s'inquiéter, pour l'avenir, de l'étendue que prend l'envahissement de ces cépages; lui seul, plus tard, en sera victime, et, pour le moment, le seul moyen d'arrêter cet envahissement, serait de renoncer à l'achat des récoltes au kilogramme, pour rentrer dans l'usage ancien qui était l'achat en fût après dégustation.

Enfin, la quatrième partie, la Montagne d'Avize, porte les vignobles de :

Cramant	221	hectares.
Oger	198	—
Cuis	95	—
Avize	175	—
Le Mesnil	270	—
Grauves	76	—
Vertus	343	—
Total	1,378	hectares.

Le vignoble de Cramant, le premier crû de la Montagne d'Avize, offre cette particularité que la majeure partie des vignes, et surtout les meilleures contrées, n'appartiennent pas à des habitants de Cramant; beaucoup appartiennent, et ce sont les deux plus forts lots, à MM. Moët et Perrier, qui y ont chacun un vendangeoir; beaucoup de propriétaires d'Avize y ont aussi la majorité de leur bien en vignes. Il reste aux habitants de bonnes vignes encore et fournissant des vins qui atteignent souvent 400 et 500 fr. à la récolte.

Avize rivalise avec Cramant; il donne un vin qui se distingue par sa blancheur, sa grande finesse et sa légèreté; toutefois, le vin de Cramant est plus vineux et plus corsé. Les négociants d'Epernay et de Reims se disputent à haut prix les produits de ces deux vignobles, ainsi que ceux du Mesnil, qui portent à la mousse et sont très-pétillants.

Le vignoble de Vertus ne produisait anciennement que des vins rouges; il fut même un des derniers à transformer ses produits. Il n'y a guère plus de quarante à quarante-cinq ans que le vin blanc a supplanté les vins rouges que ce vignoble expédiait encore avec succès en France et en Belgique.

Les prix des vins de Champagne bruts varient tous les ans; cependant, jamais ils n'atteignent maintenant les prix exorbitants auxquels ils furent portés dans certaines années, alors que les vins rouges étaient en faveur. Ils subirent d'abord une moyenne très-raisonnable que leur qualité et leur renommée grandissantes justifiaient; mais, en 1694, la mode les fit monter à 1,000 livres la queue, prix excessif qu'ils n'ont jamais atteint depuis.

L'hectare de vigne qui, dans quelques endroits, ne valait que 500 fr. avant l'invention des vins mousseux, vaut maintenant 7,000 et 8,000 fr.; dans d'autres localités, à Cramant particulièrement, il se vend des vignes à 20,000 et 25,000 fr. l'hectare.

Les vins, ces années dernières, ont passé de 300 fr. à 400, 500 et même 600 fr. les deux hectolitres. Les plus grandes variations se sont donc produites sur la valeur des biens-fonds en vignes; il est probable que les prix resteront maintenant longtemps stationnaires, à moins que quelques grandes maisons, qui n'ont pas de propriétés viticoles, tout en faisant un commerce énorme de vins de Champagne, veuillent acheter des vignes à l'envi l'une de l'autre, fait qui s'est déjà produit, et qui donnerait un nouvel élan à des prix déjà très-élevés quoique encore raisonnables.

Malheureusement, ces prix si élevés pour les vins ont amené un abus qu'on ne saurait trop condamner : il est à la connaissance de presque tous les viticulteurs et des commerçants en Champagne, que dans le premier vignoble de la Rivière de Marne (rive droite), certains spéculateurs peu scrupuleux font entrer de nuit des voitures chargées de raisins provenant des crûs secondaires voisins, et qu'ils revendent ces raisins comme faisant partie de la récolte de cette tête de crû.

Malgré que ce fait ait été nié, il n'en est pas moins vrai, car des personnes dignes de foi, et qui n'ont pas d'intérêts dans ce vignoble, ont eu occasion de le vérifier; et, nous en rapportant complètement à leur témoignage, nous le tenons pour parfaitement établi.

Le gros commerce champenois s'y laisse ou veut bien s'y laisser prendre, et, bien que certainement il ait connaissance de cette manière d'agir, il ferme les yeux à cause des besoins immenses que ses débouchés lui ont créés; cependant, puisque ces raisins se vendent comme raisins du crû, il serait bien moins dispendieux pour lui de se fournir franchement dans ces crûs secondaires, où les prix sont moins élevés, que d'acheter sciemmment ces raisins introduits nuitamment, au prix des raisins du crû qui était ces années dernières de 1 fr. et 1 fr. 20 le kilogramme. Signaler ce fait ne l'empêchera probablement pas de se reproduire, mais cela suffira sans doute pour mettre sur leurs gardes les acheteurs confiants auxquels il était inconnu, et qui croyaient acheter des vins du crû quand en réalité ils n'achetaient qu'un coupage où le vin secondaire entrait peut-être en petite quantité, mais où il n'aurait certainement pas dû pénétrer du tout.

Puisque ce fait se produit, il se peut parfaitement que des

spéculateurs, moins scrupuleux que d'autres, ne se contentent pas d'augmenter un peu par ce moyen leur quantité en cuvée et y fassent au contraire pénétrer une grande quantité de raisins de crûs secondaires.

L'achat après vin fait et après la dégustation éviterait, dans une certaine mesure, cet abus que l'achat en raisin à la vendange rend si facile; car on pourrait comparer les cuvées connues comme irréprochables, et heureusement ce sont encore les plus nombreuses, avec les cuvées où le coupage a été fait entre les raisins des deux crûs, et le prix s'établirait alors avec des moyens d'appréciation très-équitables et reposant sur des données irrécusables. Les spéculateurs vendraient encore leurs cuvées qui, en résumé, sont bonnes, et ils n'auraient plus la facilité de tromper l'acheteur.

En s'adressant à eux, à la vendange, on saurait parfaitement qu'on n'achète pas le crû pur, mais mêlé dans des proportions variables avec d'autres crûs.

Après dégustation personne ne serait trompé et chacun y trouverait son affaire, car la présence du crû supérieur ferait augmenter le prix de ces vins de spéculation, sans toutefois qu'ils atteignent le prix du vin pur du crû.

Les spéculateurs gagneraient un peu moins d'argent, mais leur façon d'agir serait plus scrupuleuse et inspirerait plus de confiance à l'acheteur, ce qui est bien quelque chose.

Malgré cet abus, il est une justice que nous devons rendre au vignoble d'Aï, c'est que la viticulture y a fait de tels progrès, qu'il passe à juste titre pour le jardin de la Champagne, autant sous le rapport des soins minutieux et constants dont on entoure la vigne, que sous celui de l'aspect régulier et correct sous lequel apparaît la propriété dans cette commune. Le maire d'Aï a le mérite de l'initiative; aidé par son conseil et par les principaux propriétaires du pays, il a surmonté de grandes difficultés pour obtenir le redressement général des sentiers dans les vignes, un bornage régulier et l'élargissement des chemins de charrois, dont le peu de largeur et l'entretien insuffisant rendaient l'abord des vignes difficile et les transports des engrais, des bâtons et de la récolte fort coûteux. Beaucoup de vignobles voisins n'ont pas voulu rester en arrière et ont entrepris les mêmes travaux de redressement, d'élargissement et de bornage des sentiers et chemins de vignes. Le progrès ne s'arrêtera pas là, et d'ici à quelques années, on ne trouvera plus en Champagne, pour le service des vignes, que des sentiers redressés, des chemins élargis, bien entretenus et faciles, qui changeront avantageusement l'aspect du vignoble champenois, sillonné aujourd'hui, dans beaucoup d'endroits, de sentiers tortueux, mal bornés et où il est presque impossible de circuler librement; de chemins étroits et mal entretenus, où, par de mauvais temps, on reste embourbé, et enfin, où les propriétés mal limitées, mal défendues, ont l'air de s'enchevêtrer les unes dans les autres.

L'évaluation du rendement pour le vignoble champenois, proprement dit, est fort difficile à établir, la récolte variant chaque année et quelquefois dans des proportions fort grandes. Cependant, la moyenne est d'environ 90,000 à 95,000 pièces de deux hectolitres par année. Cette moyenne tendra évidemment à augmenter constamment; les friches disparaissent dans tout le vignoble, on plante en vigne des terrains qui ne servaient qu'à la culture des céréales; enfin, partout on utilise les terrains où la vigne peut croître et vivre avec avantage, ce qui amène dans certains crûs, comme nous l'avons déjà dit, des cépages de qualité secondaire qui ne devraient pas s'y rencontrer.

Les prix d'achat du raisin à la récolte sont depuis quelques années si avantageux qu'évidemment, et peut-être à bref délai, on arrivera à rechercher partout une plus grande production, en ne tenant plus compte aussi soigneusement de la qualité; et, dussions-nous paraître attacher trop d'importance à ce fait, qui n'est encore que local et nous redire souvent, nous répétons encore que le commerce seul en subira les conséquences, car l'envahissement des plants secondaires deviendra infailliblement irremédiable à un moment donné.

Alors les prix baisseront peut-être au moment des vendanges, mais les qualités qui font que nos vins n'ont pas de rivaux disparaîtront forcément dans une certaine mesure, et, tout en ayant plus de produits à écouler, le commerce champenois ne pourra plus livrer des vins aussi fins. Il sera forcé d'acquérir les vins tels qu'ils seront, au risque de mécontenter les consommateurs. Les grands crûs seront noyés dans les vins secondaires qui leur nuiront, et, dans un avenir éloigné, nous l'espérons, ces grands crûs pourraient disparaître si les cultivateurs et les propriétaires, séduits par des prix très-élevés, suivaient le mouvement qui s'accentue de plus en plus et remplaçaient leurs cépages fins par des cépages secondaires à rendement plus considérable.

En 1869 :

La Montagne de Reims a produit environ.	28,000	hectolitres.
La Rivière de Marne (rive droite). . .	18,000	—
La Rivière de Marne (rive gauche). . .	23,000	—
La Montagne d'Avize	22,000	—
Ensemble. . . : . .	91,000	hectolitres.

Ce qui fait environ 45,000 pièces de deux hectolitres, la moitié du rendement ordinaire de la Champagne.

Ces 45,000 pièces équivalent à 10,800,000 bouteilles, ce qui ne fait que les trois cinquièmes de la consommation d'une des dernières années.

Généralement, les achats, soit en raisin et au kilogramme, soit en fût après dégustation, se traitent par l'entremise de commissionnaires en vins.

Le vigneron-propriétaire a, par suite du mode d'achat au kilogramme et à des prix élevés, un intérêt évident à produire le plus possible; aussi a-t-il recours à des procédés de culture qui forcent la production au détriment de la qualité. D'autre part, des vignerons moins consciencieux ont trouvé plus avantageux de cultiver des plants de grosses natures, comme les Meuniers, les Petits-Blancs et autres espèces inférieures qui donnent des quantités énormes, mais dont les produits ne fournissent que des vins secondaires, souvent mous et presque impropres au commerce. On répondra à cela qu'il est bien facile de distinguer un bon raisin d'un mauvais; sans doute, cela est très-facile, mais ce qui l'est moins, au moment des vendanges, surtout quand la récolte est abondante, c'est de reconnaître les bons des mauvais dans des livraisons de plusieurs milliers de kilogrammes de raisins, alors qu'il faut recevoir à la hâte des masses énormes de récoltes. On n'a que le temps, vu la maturité du fruit, de peser rapidement et de jeter le raisin sur le pressoir, afin d'éviter l'encombrement du local par la masse de paniers, aussi bien que la fermentation putride des fruits dans ces paniers.

Tous ces inconvénients disparaîtraient en partie si on n'achetait plus au kilogramme; il est vrai que les vignerons, propriétaires de petits lots de vignes, n'auraient plus la même facilité pour la vente, puisque la plupart d'entre eux n'ont pas une récolte suffisante pour faire ce que nous appelons un marc; mais rien ne les empêcherait de se réunir pour faire une quantité suffisante de raisins pour presser un ou deux marcs, ce qui leur permettrait de vendre un peu plus cher et de réaliser un bénéfice plus grand, car l'augmentation de prix suffirait et au delà pour couvrir les frais de pressoir qui sont peu considérables.

C'est cette manière de vendre qui reste en usage chez les gros propriétaires à qui leur lot de vignes permet de faire plusieurs marcs qui constituent une cuvée complète.

Ils vendent alors ces cuvées à la sortie du pressoir, à la goulette, comme on dit, ou un peu plus tard, après dégustation, quand le vin est clair et purgé de ses grosses lies.

La vente à la sortie du pressoir a pour effet de vous debarrasser de suite de votre récolte aux risques de celui qui achète. Ce mode de vente est donc très-avantageux pour le vendeur, surtout dans les années de médiocre qualité. L'autre manière d'opérer, tout en étant profitable au vendeur, offre des garanties plus sérieuses au commerce qui, après dégustation, peut refuser les pièces qui ont pris un mauvais goût et dont une seule, quelquefois, suffit pour gâter tout une cuvée après le coupage. Il est bien entendu que tout le monde ne vend pas son vin ; il y a des propriétaires qui sont en même temps négociants et qui gardent pour leur commerce tout ou partie de leur récolte, suivant leurs besoins. Nous ne parlons ici que des commerçants non propriétaires ou de ceux qui, tout en étant viticulteurs, ne récoltent pas suffisamment pour satisfaire à l'importance de leurs expéditions et se trouvent alors forcés d'acheter ce qui leur manque.

Pour ces différents modes d'achat aux propriétaires qui ont de forts lots de vignes, les prix sont basés sur ceux qui ont été payés aux vignerons pendant la vendange, en admettant toutefois une plus-value en raison de l'importance et de la qualité de la cuvée, qui est toujours supérieure aux vins de vignerons, parce que les vignes des propriétaires bourgeois sont en général moins drues que celles des vignerons, et le fruit s'y trouve, par conséquent, dans de meilleures conditions d'aération pour se développer et mûrir. Ces acquisitions, qui se font par l'entremise de commissionnaires, le plus souvent fort peu au courant des localités et des différents lots de vignes où ils sont appelés à opérer, ne sont pas toujours traitées aussi sérieusement qu'on le pense généralement ; cependant, depuis quelques années, il y a certainement amélioration dans la manière de faire des commissionnaires.

Mais des commissionnaires qu'on ne voit souvent qu'au moment des vendanges ou au moment où on peut déguster les vins, sont-ils aptes, dans certaines localités où ils opèrent, à distinguer un lot de vignes bien cultivé, situé dans les plus renommés endroits, dans les meilleures expositions, d'un autre lot qui pèche sous divers rapports et qui, tout en produisant beaucoup plus, laisse à désirer quant à la qualité?

Il y a certainement des exceptions parmi ces acheteurs, par exemple, les commissionnaires qui sont nés dans le pays où ils opèrent, ou bien encore ceux qui, par leurs relations de famille ou d'amitié, peuvent facilement se renseigner; mais il en est d'autres qui n'ont jamais visité les lots de vignes dont ils ont ordre d'acheter les produits, et c'est le plus grand nombre.

Cette connaissance, cette appréciation des produits viticoles de chaque crû ne peuvent être sérieusement acquises qu'à force d'expérience et de travail.

Ces qualités devraient être inhérentes à la profession des commissionnaires en vins; il n'en est malheureusement pas toujours ainsi aujourd'hui. Il arrive que les récoltes de second et même de troisième ordre se vendent aussi cher que celles des premiers crûs. Qu'en résulte-t-il déjà et qu'en résultera-t-il plus tard? c'est que les propriétaires de bonnes vignes, voyant que leurs propriétés bien situées ne leur rapportent pas plus que des vignes secondaires, qui produisent plus de récolte qu'on paie le même prix, à égale quantité que les leurs, cherchent et chercheront à échanger leurs propriétés contre des vignes d'une valeur moindre, situées dans des contrées qui donnent un produit supérieur en quantité, mais inférieur en qualité. Si l'échange ne leur est pas possible, ils changent et changeront leur plant pour une espèce à rendement plus considérable, ou bien encore ils adopteront des systèmes de culture qui feront donner à la vigne plus de produits, mais au détriment de la qualité. L'avenir des vins de Champagne se trouvera alors compromis.

Il est donc nécessaire que les commissionnaires aient une

connaissance plus exacte des crûs où ils doivent acquérir, et le commerce devrait chercher les moyens de réformer et d'arrêter ces transformations de produits, ce qui, en même temps, arrêterait un abus qui s'étendra de plus en plus.

Pourquoi ne ferait-on pas, au moment où les vins nouveaux sont clairs et dégustables, des dégustations comparatives entre les cuvées des propriétaires d'une même localité ? Il nous semble qu'il y aurait là un enseignement fort utile.

Il n'y a pas de propriétaire qui refuserait des échantillons de son vin à tout négociant ou commissionnaire qui lui en ferait sérieusement la demande. Pourquoi ne dresserait-on pas aussi, comme cela est l'usage dans le Bordelais, une liste de classification des vignes bien connues comme donnant des produits supérieurs en premier, deuxième et troisième crûs; et, si ce travail paraissait trop long, ne pourrait-on, du moins, l'appliquer aux cuvées d'un même vignoble ? Cela serait peut-être plus pratique

La propriété et le commerce y trouveraient leur compte et une base d'appréciation presque infaillible. Le rôle des commissionnaires en vins deviendrait plus sérieux, en même temps que leurs opérations se trouveraient mieux contrôlées et plus faciles.

Cette classification devrait se faire tous les ans, car il pourrait arriver qu'un lot de vignes se trouvât, dans certains cas, dans des conditions d'infériorité indépendantes de la qualité de son sol, de son exposition, de sa culture; ainsi, et cela s'est vu souvent, dans une contrée de vignes, au moment d'un orage de grêle, une partie était flagellée, tandis que l'autre était épargnée, et presque toutes ces vignes ayant même valeur et même rendement, presque toutes donnant des produits de même qualité; il est bien évident que celles qui avaient été frappées étaient, par suite de l'accident, dans une condition d'infériorité indépendante de toute négligence de la part du propriétaire.

Il en est de même pour les gelées tardives en mai, où le brouillard, séjournant plus ou moins longtemps, gèle ou ne gèle pas des vignes qui se touchent.

L'année suivante ou deux ans après, ces vignes seraient suffisamment rétablies et refaites pour lutter avec leurs voisines épargnées et reprendraient le rang auquel elles auraient droit. Il en serait de même pour leur produit.

Tout ainsi serait juste et ferait certainement disparaître les abus dont on se plaint, à condition toutefois que ces opérations seraient faites sérieusement et honnêtement.

La pénurie d'ouvriers est aussi, pour la Champagne, un mal auquel il sera très-difficile de parer.

Les vignerons et les ouvriers de caves manquent, ou, du moins, leur nombre est très-insuffisant. Les vignerons, surtout, sont difficiles à se procurer, et, bons ou mauvais, tous sont d'une exigence parfois ridicule. Les prix déjà élevés tendent à s'élever encore, et il est très-étonnant que nous n'ayons pas encore eu de grèves, du reste, il s'en est fallu de peu, et, quoi qu'on fasse, il en arrivera certainement. Le commerce les subira sans rien pouvoir contre elles, car dans certains moments, au pressurage, au tirage, par exemple, on est très-pressé et c'est ordinairement à ces époques que les ouvriers deviennent plus exigeants et affichent des prétentions par lesquelles, bon gré mal gré, on est obligé de passer. La lutte est presque impossible et ils le savent bien, parce qu'alors chacun est pressé, on a besoin d'ouvriers quand même, il n'en reste pas de disponibles, ou bien ce sont ceux que l'on hésite à employer, et, comme il faut presser le raisin à bref délai et aussi mettre rapidement le vin en bouteilles, comme certaines maisons tirent des quantités énormes qui se comptent par centaines de mille de bouteilles, comme ces travaux sont urgents sous peine d'arrêter son commerce et même de le perdre complètement, on passe par où les ouvriers veulent vous faire passer; bien heureux encore quand leurs prétentions ne sont pas par trop déraisonnables.

Au pressoir c'est la même chose : quand on a des centaines de paniers qui attendent la pesée et la pressée, il faut se hâter pour éviter la fermentation putride, et, coûte que coûte, on doit pressurer; alors les conditions qu'on vous impose sont quelquefois ridicules par leur exagération, et cependant telles qu'elles sont, il faut les subir. C'est un malheur, car il suffit de quelques mauvaises têtes, de quelques ivrognes, et il y en a beaucoup dans nos contrées, pour arrêter tout un commerce dont la majeure partie de la Champagne vit, soit comme propriétaire, commerçant, ouvrier ou vigneron. Les causes du mal sont faciles à déduire, et, pourquoi ne pas le dire, les produits mêmes du pays y sont pour beaucoup.

Autrefois, les prix du travail étaient inférieurs de moitié ; le travail des vignes et des caves était le même et se faisait comme aujourd'hui, moins peut-être les machines qui sont bien perfectionnées ; la quantité de terrains plantés en vignes n'a guère augmenté que d'un huitième depuis quinze ans, et cependant à cette époque les ouvriers vivaient de leur travail et économisaient encore de quoi acquérir un petit bien qu'ils cultivaient et faisaient prospérer eux-mêmes, et qui, s'arrondissant peu à peu, amenait l'aisance dans leur famille.

Aujourd'hui, les prix des journées sont plus que doublés, presque triplés même, et les ouvriers ne vivent que difficilement. Est-ce à dire que ces salaires soient insuffisants, non, certainement; mais des habitudes inconnues à leurs pères ont gagné les vignerons et les ouvriers des caves de notre époque; le cabaret, le café, le jeu aussi, malheureusement, engloutissent non-seulement ce qu'ils pourraient affecter aux épargnes, mais encore les sommes nécessaires à la vie journalière, et nous admettons que le prix de toutes les denrées soit doublé depuis quinze ans. L'ivrognerie enfin fait trop de progrès, et l'on voit des ouvriers dont le salaire annuel, en dehors de ce qu'ils peuvent avoir à eux appartenant, est évalué à douze cents et quinze cents francs, ne pouvoir élever leur famille, laisser dans des guenilles quelquefois repoussantes leurs enfants haves et affamés, tandis que père et mère, mangeant à peine eux-mêmes, se grisent à l'envi avec le produit de leur travail. Encore quelques-uns ne travaillent-ils que pour gagner un peu d'argent qui sert à la satisfaction de leur funeste habitude, pendant que les enfants et les femmes meurent de faim. N'allez pas croire, lecteurs, que ce tableau soit chargé; non, il n'est malheureusement que trop vrai, et les ouvriers dont nous parlons, tout en faisant exception à la masse, ne sont que trop nombreux dans nos contrées.

D'autres ne se privent de rien, toilette pour les femmes et nourriture choisie pour toute la famille, rien ne leur coûte ; nous en avons vu, sur nos marchés, acheter sans marchander des pièces que nos ménagères trouvaient trop chères pour nos tables.

La toilette, surtout, absorbe une partie des ressources quand elle n'amène pas la débauche, parce que le salaire n'y suffit plus.

Beaucoup aussi quittent les travaux des vignes pour se livrer aux travaux des caves, où le prix est un peu plus élevé, et où, malgré la surveillance, le vin est presque à discrétion.

Ce malheureux vice de l'ivrognerie, commun aux ouvriers des caves et aux vignerons, se remarque plus facilement chez ces derniers. Nous avons vu des vignerons qui, à prix égal et même un peu plus élevé, préféraient aller travailler chez un autre patron qui leur donnait une demi-bouteille ou une bouteille de vin de plus.

Nous n'entendons pas dire que la majorité des ouvriers ait l'habitude de trop boire, ce serait par trop exagérer le mal. Il en est qui sont sobres et économes; c'est le plus grand nombre, aussi sont-ils toujours occupés et sont-ils attachés à des maisons où ils restent souvent fort longtemps; mais ceux que l'on n'emploie que dans les moments où le travail est pressant, en sont presque toujours atteints, plus ou moins, en exceptant cependant les ouvriers d'autres états qui ne se louent alors que pour avoir un salaire un peu plus fort et pour rendre service aux commerçants chez lesquels ils travaillent le plus souvent de leur état; c'est ce qui fait que l'on n'emploie les premiers dont nous avons parlé, qu'accidentellement et quand on ne peut pas faire autrement. Les enfants qui s'élèvent, pour ainsi dire comme ils peuvent, au milieu du spectacle dégradant d'une ivresse presque continuelle, restent ignorants, contractent, à peu d'exceptions près, les mêmes habitudes que leurs parents et font des ouvriers dont on hésite à se servir, et quelquefois des mauvais sujets qui suffisent pour gâter et entraîner tout un chantier.

A côté de ceux-là se trouvent des ouvriers rangés et sérieux qui, ayant hérité de petits biens, les font valoir eux-mêmes, tâchent de les agrandir, ne travaillent chez les autres qu'à leurs heures perdues, et fournissent trop peu de journées pour rendre de grands services aux propriétaires et aux commerçants, qui regrettent beaucoup de ne pas les avoir plus souvent, car leur travail est toujours régulier et satisfaisant.

Leurs enfants seront plus tard de petits propriétaires aisés, qui ne travailleront que sur leurs biens, et qui, en ayant assez pour les occuper, eux et leur famille, ne fourniront plus leur contingent de travail journalier au commerce et aux propriétaires.

Ceux-là arrivent à l'aisance à force d'économie et de travail, leurs enfants sont à bonne école et peuvent profiter de l'exemple. De pareils ouvriers sont toujours estimés et on regrette de ne pas en voir davantage. Ceux qui les ont employés sont heureux de les voir prospérer et les aident encore au besoin autant qu'ils le peuvent. Toutefois, c'est une diminution sur le nombre des ouvriers utiles au commerce, et, tout en les regrettant, on ne peut les remplacer.

Il y a aussi de bons ouvriers qui amassent petit à petit, et qui font donner à leurs enfants une éducation suffisante pour leur éviter le travail fatiguant des vignes et celui quelquefois dangereux des caves; c'est cette classe d'ouvriers qui fournit à beaucoup de maisons de la Champagne des teneurs de livres et souvent des voyageurs intelligents qui arrivent à s'établir et à faire le commerce pour leur propre compte.

Il y a enfin les ouvriers qui, ne possèdant pas de biens-fonds, travaillent journellement pour vivre, et parmi ceux-là nous ne parlons que des bons ouvriers; ils font partie de chantiers qui travaillent toute l'année dans une même maison, et c'est la seule source d'où sortiront les ouvriers qui doivent les remplacer. Ils ne sont déjà pas assez nombreux pour suffire au travail toujours plus considérable qu'exige la quantité énorme de vins soumis à une manipulation journalière.

Comment donc obvier à cette pénurie de bras? Les personnes les plus intéressées dans la question professent à cet égard des opinions différentes et souvent très-opposées. Les unes, dont la fortune est considérable et qui peuvent faire des sacrifices, ne demandent pas mieux que de rester dans l'état actuel, en subissant les augmentations exigées et les conditions imposées par les ouvriers; elles sont en opposition avec le petit commerce, dont ces exigences augmentent considérablement les frais généraux et diminuent d'autant les bénéfices, et cela parce que le consommateur ne veut pas subir l'augmentation de prix que ces exigences nécessitent, ne se doutant pas que la bouteille du vin le plus secondaire a besoin d'autant de soins que celle qui renferme le vin des premiers crûs. D'autres voudraient fonder des cités ouvrières qui amèneraient des ouvriers du dehors. Pour cela, il faut des fonds assez considérables; il n'y a donc que les maisons importantes ou une association de plusieurs maisons qui puisse faire cet essai. Nous leur souhaitons la réussite, quoique, dans certains cas, nous ayons déjà pu constater que les ouvriers qui entraient dans ces cités, une fois devenus propriétaires au bout d'un certain nombre d'années déterminé, de l'immeuble où on les logeait, devenaient, quand ils étaient maîtres d'eux-mêmes, autant et quelquefois plus exigeants que les ouvriers du pays. C'est, selon nous, reculer le mal sans le guérir; cependant, il y a là un essai à faire, et nous souhaitons vivement, pour le commerce et la viticulture champenoise, qu'il réussisse.

Il reste enfin la ressource d'un appel à des ouvriers de pays voisins dont la viticulture et le commerce de vins se rapprochent beaucoup des nôtres. Ces ouvriers viendraient se perfectionner chez nous, peut-être un peu à nos dépens, mais ils rendraient de grands services malgré cela. Ce que l'on pourrait craindre, c'est qu'au contact des ouvriers du pays ils finissent, s'ils restaient longtemps dans la contrée, par devenir aussi impérieux que ceux-ci, et reportent chez eux les mêmes travers et les mêmes exigences que nous rencontrons ici. Ils trouveraient certainement un travail assuré, car leur nombre serait forcément limité, et, si les grandes maisons ne leur donnaient qu'un labeur insuffisant pour les occuper constamment, ils pourraient, en s'organisant en chantiers volants, être employés utilement et avantageusement par le petit commerce ou les propriétaires moins importants.

Ce que nous disons pour le commerce s'applique tout aussi bien à la propriété viticole qui, certainement, se trouverait bien de ce renfort de bras pour ses travaux les plus importants de l'année.

C'est déjà un usage dans toute la Champagne au moment des vendanges. A cette époque, notre contrée se trouve envahie par des hordes ou hordons d'ouvriers qui viennent des départements voisins pour la cueillette du raisin.

Le plus décourageant dans tout cela, c'est de voir que des gens, gagnant de forts salaires, restent dans la misère sans ressources quand vient une mauvaise année ou la maladie. En effet, pour ceux qui emploient beaucoup d'ouvriers, n'est-ce pas un plaisir d'aider des travailleurs économes et de se dire que l'on a contribué par ses conseils, ses exemples et par la juste rémunération du travail, à faire l'aisance d'une honnête famille? n'est-ce pas une grande satisfaction de voir cette famille prospérer, s'élever insensiblement et prendre dans le pays une place honorable, que son travail et son économie lui ont méritée?

On voit heureusement encore un assez grand nombre de ces familles.

Ceci est, comme on dit, le beau côté de la médaille; mais quand on regarde le revers, on est péniblement frappé, car, pour certains ouvriers de la Champagne, le bilan annuel peut s'établir ainsi : ivrognerie, débauche, paresse et misère.

Nous terminerons l'aperçu général exposé dans cette première partie par le tableau du mouvement commercial de la Champagne depuis 25 ans.

La chambre de commerce de Reims a fait faire ce relevé depuis 1844 jusqu'en 1870. Il se divise ainsi : Mouvement à partir de 1844, avec indication des vins expédiés à l'étranger, à l'intérieur et dans le département.

Cet état, dressé d'avril à avril de chaque année, présente les résultats suivants :

ANNÉES.	NOMBRE de bouteilles existant en charge au compte des marchands en gros (1er avril chaque année).	REPRÉSENTANT en HECTOLITRES. hectol.	lit.	NOMBRE de bouteilles EXPÉDIÉES à l'étranger.	NOMBRE de bouteilles expédiées en France aux marchands en gros non fabricants, aux débitants et aux consommateurs	IMPORTANCE réelle du commerce	EXPÉDITIONS de fabricant à fabricant dans le département.	TOTAL DU Mouvement.
1844-1845	23,285,818	194,049	30	4,380,214	2,255,438	6,535,652	2,577,738	9,213,390
1845-1846	22,847,971	190,399	99	4,505,308	2,510,605	7,015,913	2,153,607	9,169,520
1846-1847	18,815,367	156,780	80	4,711,915	2,355,366	7,067,281	1,708,204	8,775,485
1847-1848	23,122,994	192,692	61	4,859,625	2,092,571	6,952,196	1,234,678	8,186,874
1848-1849	21,290,185	177,418	92	5,686,484	1,473,966	7,160,450	884,025	8,044,475
1849-1850	20,499,192	170,827	11	5,001,044	1,705,735	6,706,779	1,310,960	7,837,739
1850-1851	20,444,915	170,375	15	5,866,971	2,122,569	7,989,540	1,920,435	9,909,975
1851-1852	21,905,479	182,545	42	5,957,552	2,162,880	8,120,432	3,234,985	11,355,417
1852-1853	19,376,967	161,629	35	6,355,574	2,385,217	8,740,790	4,156,718	12,897,509
1853-1854	17,757,769	147,783	67	7,878,320	2,528,719	10,407,039	5,791,180	16,198,219
1854-1855	20,922,959	174,359	10	6,895,773	2,452,513	9,348,516	5,197,094	14,545,610
1855-1856	15,957,141	133,068	» »	7,137,001	2,562,039	9,699,040	4,262,265	13,961,305
1856-1857	15,228,294	126,903	34	8,490,198	2,468,818	10,959,016	4,669,683	15,628,699
1857-1858	21,628,778	180,240	27	7,368,310	2,421,454	9,789,764	3,764,445	13,554,209
1858-1859	28,328,251	236,069	» »	7,666,633	2,805,416	10,472,049	3,281,010	13,753,059
1859-1860	35,648,124	297,067	35	8,265,395	3,039,621	11,305,016	3,403,830	15,708,846
1860-1861	30,235,260	251,961	69	8,488,223	2,697,508	11,186,731	5,415,599	16,601,330
1861-1862	30,254,291	252,121	38	6,904,915	2,592,875	9,497,700	3,977,886	13,475,676
1862-1863	28,013,189	233,444	61	7,937,836	2,767,371	10,705,207	4,316,249	15,021,456
1863-1864	28,466,975	237,205	99	7,851,138	2,934,996	12,786,134	5,685,484	18,471,618
1864-1865	33,298,672	277,241	85	9,101,441	2,801,626	11,903,067	5,429,663	17,332,730
1865-1866	34,175,429	284,795	77	10,413,455	2,782,777	13,196,232	4,742,561	17,938,793
1866-1867	37,608,716	313,405	59	10,283,886	3,218,243	13,502,229	7,575,430	21,077,659
1867-1868	35,969,219	299,744	02	10,875,585	2,924,268	13,808,853	6,077,752	19,878,605

Comme on l'a vu, la Champagne produit, année moyenne, environ 20,000,000 (vingt millions) de bouteilles, constituant environ 95,000 pièces de deux hectolitres; il y a des années qui donnent plus, on fait alors des réserves qui servent à parer aux mauvaises années. Mais il n'y a guère que les grandes maisons de premier et de second ordre qui puissent faire des réserves considérables de vins, car ce mode de procéder exige de grands capitaux. D'autre part, ce que les maisons de troisième ordre ne peuvent souvent faire, les spéculateurs en vins le font pour elles et les mettent à même, à des conditions avantageuses, de pouvoir exercer le commerce de vins sans s'encombrer de marchandises. Les petits vins de Champagne, dans lesquels il n'entre que les deux tiers et quelquefois moins, de vins indigènes et qui figurent pourtant au total des vins expédiés tous les ans, contiennent en partie des vins récoltés dans les vignobles tout-à-fait secondaires de la Champagne, et des vins blancs de Bourgogne, du Midi ou de Saumur principalement, lesquels coûtent moins cher que les derniers vins de nos vignobles.

Ces vins blancs étrangers, joints à nos vins tout-à-fait secondaires servent à alimenter le commerce de vins à très-bon marché; ils ne nuisent presque pas à la qualité mousseuse; mais on ne les emploie prudemment que dans une certaine mesure; car cette qualité que nos vins doivent en partie à notre sol, en développe le bouquet sans altérer les autres qualités, tandis que cette mousse fait, au bout d'un certain temps, contracter aux autres vins un goût désagréable. La Champagne, si riche et si privilégiée sous ce rapport, n'aura donc jamais à redouter aucune concurrence sérieuse de la part des vignobles français et plus particulièrement étrangers qui exploitent la fabrication des vins mousseux. Il est malheureux qu'elle aille demander à ses voisins, pour son commerce à bas prix, des produits qu'elle mélange aux siens, dont la supériorité est incontestable.

Ce tripotage nuit à la réputation des vins de Champagne et constitue une supercherie très-répréhensible sur la nature, l'origine et la qualité de la marchandise livrée.

LA VITICULTURE CHAMPENOISE.

SES PROCÉDÉS.

II.

Plantation. — Culture. — Améliorations — Systèmes nouveaux essayés en Champagne.

Le genre de culture universellement adopté dans la Champagne proprement dite, à quelques usages locaux près, est bien différent, sous divers points essentiels, de la viticulture des autres provinces de la France. La position topographique de la Champagne, située au 49me degré de latitude, extrême limite de la viticulture en France, nous oblige à avoir recours à une culture presque artificielle, mais rationnelle et fondée sur une longue expérience, pour aider la nature et la forcer à donner à nos fruits le degré de maturité nécessaire et d'autant plus difficile à obtenir, à moins de soins incessants, que nos trois mois de soleil d'été se trouvent bien fréquemment réduits de moitié par les temps de pluie et l'influence pernicieuse des nuits fraîches dont nous ne sommes presque pas exempts.

La seconde cause à laquelle il faut encore attribuer le surcroit de travaux fort coûteux qu'exige notre culture, c'est la maigreur de nos terrains et la couche peu profonde de terre végétale dont se trouve recouvert notre sol essentiellement calcaire.

Aussi ne faut-il pas s'étonner que les différents systèmes de culture proposés et admis dans les autres vignobles de la France, n'aient pas trouvé de partisans en Champagne, quoique plusieurs propriétaires-viticulteurs aient tenté d'introduire ces systèmes dans notre vignoble.

Ces propriétaires, séduits par les raisons qui, dans d'autres contrées, militent en faveur de ces systèmes et par les résultats obtenus sur d'autres terrains que les nôtres, ont fait, sur plusieurs de leurs vignes, des essais que nous avons suivis avec attention depuis quelques années. Pour certaines propriétés, le rendement a été magnifique pendant cinq ans, mais au détriment de la qualité du fruit d'abord, et de la durée de la vigne ensuite, car la plante, et nous en avons déjà des exemples, énervée par une production forcée, ne trouvant pas suffisamment de sève dans un terrain maigre et s'épuisant tous les jours, malgré les engrais forcés qu'on lui fait absorber, finit par dépérir visiblement et meurt après quelques années de prospérité. L'excès d'une nourriture trop substantielle use les plantes comme les hommes, et la production excessive, nuisible à la vigne, l'est d'autant plus que le raisin, n'arrivant pas au degré nécessaire de maturité, offre de grands inconvénients pour la vérification des produits de ces vignes. Il est reconnu, d'ailleurs, que chez les plantes la surabondance de nourriture, en engraissant outre mesure les étamines, les transforme en pétales, et les fleurs deviennent stériles.

Quoique nous repoussions surtout un de ces systèmes, nous ne voudrions pourtant pas être taxés d'avoir un parti pris dans cette question ; aussi pouvons-nous fournir des preuves.

A une des dernières vendanges on a pris dans une vigne, cultivée d'après le système du docteur Guyot, des raisins, et dans une autre, cultivée en foule d'après la méthode ordinaire, la même quantité en poids de fruits ; ces deux vignes se touchaient, et les deux vins obtenus à la pressée donnaient une différence de 1 1/2 et 2 degrés au gleuconomètre; la différence en moins se trouvait dans le vin obtenu dans la vigne dirigée d'après la méthode Guyot.

Cette même vigne est aujourd'hui si appauvrie et si faible, que cette année beaucoup de ceps n'ont pas pu fournir les deux pampres, quand sa voisine, qui jusqu'alors avait donné, quoiqu'à peu près du même âge, un rendement moins considérable, a donné une récolte supérieure en quantité, tout en restant ce qu'elle avait été jusqu'alors, vivace et donnant un produit supérieur en qualité.

Ainsi donc, il nous semble établi que sur notre sol notre système ancien donne à peu près les mêmes résultats comme quantité et assure à la vigne une plus longue durée et à ses produits une qualité qu'on ne rencontre pas au même degré dans les vignes cultivées d'après la méthode de M. le docteur Guyot.

Nous devons toutefois reconnaître que les jeunes vignes traitées d'après ce système subissant les mêmes intempéries que leurs voisines, donnent un rendement plus fort que le leur, mais au bout de quelques années l'équilibre entre les deux rendements s'établit pour une période qui, jusqu'à présent et d'après nos observations, nous a semblé assez courte, puisque cet équilibre disparaît en quelques années; la vigne sur franc pied s'épuise et finit par mourir, tandis que la vigne en foule prospère encore et donne presque toujours un rendement semblable à celui des années précédentes et toujours de qualité supérieure à celle des fruits de vignes sur franc pied.

La question peut alors, au point de vue des propriétaires

viticoles champenois, se résoudre par ce calcul : La vigne traitée d'après la méthode du docteur Guyot donne-t-elle, avec une durée moyenne de trente à quarante ans, dans les bons terrains, une plus grande quantité de fruits que n'en donne une vigne en foule dans le même laps de temps, et cela en ne se préoccupant pas de la qualité des produits? Nous croyons que l'on peut dire qu'au bout de ce temps les rendements sont à peu près égaux.

Une autre chose à peser, c'est qu'avec la culture en foule nous avons des vignes qui atteignent quatre-vingts et quatre-vingt-dix ans, ce qui fait deux fois au moins la durée des vignes sur franc pied. Or, l'opération de la plantation des vignes est très-dispendieuse et amène une perte de rendement d'au moins trois années, et en admettant même un rendement moyen, sur quarante années, plus considérable dans un système que dans l'autre, le coût de la seconde plantation, la perte de trois années de rapport, ne balancent-ils pas l'avantage des gros rendements précédents? Là est toute la question pour les propriétaires champenois.

Avant de répondre par un rejet absolu de ce système, nous voulons encore attendre, car de nouveaux essais sont faits, et, d'ici à quelques années, nous aurons encore des données plus certaines que celles que nous possédons actuellement, alors nous nous prononcerons.

En attendant, ce que nous pouvons donner comme un autre argument contre ce système, c'est que plusieurs grosses maisons de commerce refusent de se servir des produits des vignes traitées par le système de M. le docteur Guyot, à cause de l'infériorité de qualité qui se rencontre dans ces produits.

Ce système, diamétralement opposé aux traditions de la culture champenoise, et le seul qui ait enthousiasmé quelques propriétaires de nos contrées, offre, au point de vue théorique, des avantages saisissants devant lesquels la logique même n'a plus qu'à s'incliner; mais la pratique, où se trouve la solution du problème a, comme nous l'avons dit plus haut, commencé à nous en démontrer tous les dangereux inconvénients pour l'avenir de nos vignes et la réputation de nos produits.

Nous n'avons pas besoin de signaler l'usage que l'on fait de ce système dans le Bordelais, par exemple ; les grands crûs résistent à l'introduction de ce système, et pour cause ; le bas Médoc, au contraire, et les petits crûs ont transformé toute leur culture selon la méthode du docteur Guyot.

Ces crûs recherchent une quantité plus grande sans viser à la qualité qui, nécessairement, ne s'y rencontre plus dans les mêmes proportions qu'autrefois.

D'après ce système, « la vigne doit être plantée de franc « pied, cultivée et maintenue en lignes basses et sur souche, « sans provignage ou recouchage. Chaque souche doit être élevée « de terre de quinze à vingt centimètres. Chaque cep doit porter « tous les ans une branche à bois et une branche à fruit. La « branche à fruit, qui produit presque uniquement les grappes « de raisins, doit être attachée horizontalement à une ligne de « fil de fer ou à un échalas, plus ou moins près de terre, « suivant les conditions d'humidité ou de fraîcheur qui obli- « geraient à tenir la tête du cep plus élevée. Cette branche à « fruit doit être coupée tous les ans à la taille sèche, c'est-à- « dire à la fin de l'hiver. La branche à bois doit produire tous « les ans deux sarments ou rameaux principaux, dont l'un « remplacera la branche à fruit que l'on coupe chaque année ; « l'autre sarment, taillé au-dessus de deux yeux, ou bour- « geons naissants et qu'on appelle crochet, deviendra l'origine « de la branche à bois et produira les deux sarments pour « l'année suivante.

« Les pampres de la branche à bois, qui ne produit jamais « qu'un petit nombre de fruits, doivent être maintenus verti- « calement et liés à un grand échalas. La distance normale, « mais non absolue entre les lignes, doit être d'un demi-mètre,

« et celle d'entre les ceps d'un demi-mètre également, c'est-« à-dire que vingt mille ceps à l'hectare représentent la quan-« tité normale, ce qui est aussi la quantité normale dans les « vignes en foule. Les pampres des branches à fruits doivent « être rigoureusement pincés à deux ou trois feuilles au-dessus « de la deuxième grappe développée à chaque bourgeon. Ce « pinçage doit être exécuté dès qu'on distingue ces deux ou « trois feuilles, ou du moins avant la floraison.

« Les pampres sortis du crochet et montés le long du grand « échalas, seront rognés au niveau et un peu au dessus de « cet échalas, seulement entre les deux sèves, c'est-à-dire « du 20 juin au 15 juillet. Les engrais ou amendements doivent « être amenés au pied de chaque cep en raison directe de la « production et en raison inverse de la richesse du sol.

« Deux ou trois fois par saison, les sarments, les pampres « ou rameaux herbacés doivent être rognés avec soin, et le « cep débarrassé de tous les pampres inutiles. Les binages « seront donnés à la vigne selon les besoins ; les cultures « profondes doivent être rares. »

Tels sont les principes fondamentaux de cette méthode dont la théorie est saisissante de logique et devrait lui assurer l'entrée et le succès dans tous les pays vignobles. Mais en ce qui concerne la Champagne, elle s'écarte radicalement des pratiques qu'une longue expérience raisonnée a établies et qui sont d'une importance vitale pour notre culture, ce qui nous oblige forcément à les suivre dans notre intérêt personnel et dans celui de nos propriétés viticoles.

En donnant d'une façon tout-à-fait élémentaire les procédés de la culture spéciale à la Champagne, nous prions nos lecteurs de porter toute leur attention sur la façon appelée bêcherie et sur laquelle nous nous étendrons tout particulièrement, comme étant le travail le plus important de notre genre de culture, travail que nous ne retrouvons dans aucun autre vignoble renommé de la France.

Avant de faire connaître nos procédés de culture, il ne sera peut-être pas inutile de donner quelques renseignements sur la composition de notre sol qui a contribué à l'adoption de ces procédés et auquel nous devons l'excellence et la qualité de nos produits.

Le sol de la Champagne est essentiellement calcaire, crayeux et recouvert d'une couche très-superficielle de terre végétale. Le carbonate de chaux entre évidemment pour une majeure partie dans la composition du sol, l'argile et la silice y figurent ensuite dans une faible proportion. On y rencontre aussi quelquefois l'oxide de fer; mais c'est l'exception.

Les plants les plus estimés dans les bons crûs appartiennent, pour les crûs de raisins noirs, à la famille des Pineaux noirs fins du Clos-Vougeot, ou noiriens de Bourgogne et les variétés qui en découlent.

Ces variétés sont : le plant doré d'Aï et le plant vert-doré, plus rustique que le précédent. Les variations qu'ils ont subies ne sont pas, comme nous l'avons dit plus haut, assez profondes pour qu'on ne puisse les rapprocher de leur type originel.

Dans les crûs de raisin blanc on cultive le plant dit Epinette ou Pineau blanc des bords de la Loire, qui est originaire de Saumur; mais ce plant, dans nos vignobles, s'est évidemment modifié et amélioré, et il a acquis chez nous une réputation méritée toute locale et qui est due à la nature de notre sol.

On rencontre aussi sur plus d'un point et principalement dans les crûs secondaires avoisinant Epernay, des espèces grossières que l'on doit regretter de trouver en de si bons lieux; tels sont le Meunier, le Gonais et d'autres gros plants dont le nom change avec les localités. Ces grosses natures de plants ne réussissent que trop dans les contrées où on les cultive, et la faute en est malheureusement au commerce champenois, parce qu'il y a partout tendance à remplacer la qualité par la quantité, depuis qu'on a établi l'usage d'acheter les récoltes en raisins et au poids, au lieu d'acheter uniquement en vin fait, alors qu'il est facile d'établir une comparaison équitable entre les qualités des vins et leur valeur respective.

Monsieur Rendu, auquel nous avons déjà beaucoup emprunté dans son excellent traité l'*Ampélographie Française*, va encore nous fournir les lignes caractéristiques des trois variétés des plants cultivés en Champagne.

« Le plant doré d'Aï a ses sarments noués courts, feuilles « petites à peu près aussi larges que longues, légèrement ca- « naliculées, presque entières, d'un vert gai. Fleur coulant « facilement. Grappe petite, ramassée, ailée, garnie de grains « ordinairement peu serrés, petits, ronds, égaux, d'un noir « bleuâtre, bruinés, à peau assez épaisse, d'une saveur fine et « très-sucrée.

« Le plant vert-doré se reconnaît à ses sarments court- « maillés, à ses feuilles petites, à trois lobes peu prononcés, « d'un beau vert franc, moins sujet à couler à sa floraison que « le plant doré; sa grappe est courte, pyramidale, quelquefois « ailée, garnie de grains serrés, ovolaires, noirs, très-fleuris, « très-juteux et très-sucrés, à peau très-fine.

« L'Epinette a ses sarments noués moyennement courts, ses « feuilles sont d'une moyenne grandeur, plus larges que « longues, à lobes à peine indiqués, d'un beau vert foncé; sa « fleur résiste généralement bien à la coulure; ses grappes, au- « dessous d'une moyenne grosseur, sont pyramidales, ailées, « et garnies de grains généralement lâches, égaux, ronds, « transparents, bruinés, blonds et tachetés de petits points « bruns qui disparaissent à la maturité sous la couleur roux- « doré; ils sont juteux, très-sucrés et à peau très-fine, leur « maturité est ordinairement de quinze jours en retard sur les « plants de raisin noir. »

Comme nous l'avons déjà dit, tout le vignoble champenois est soumis, à quelques usages locaux près, aux mêmes procédés de culture. Nous prendrons pour types de cette étude les vignobles de Cramant, d'Avize et d'Oger, comme étant ceux que nous exploitons et qui nous sont le plus familiers.

Ces trois vignobles cultivent presque exclusivement, pour ne pas dire uniquement, le raisin blanc, et le peu de raisin noir qui s'y rencontre, tend à disparaître de jour en jour.

Pour expliquer plus clairement notre culture, nous ferons deux divisions. La première comprendra : les travaux préparatoires à la plantation, la plantation elle-même, les façons et les soins à donner au jeune plant jusqu'au moment où il rapportera. La seconde division embrassera les travaux nécessaires aux vignes en plein rapport.

1° PLANTATION.

Travaux préparatoires, plantation, façons et soins à donner au jeune plant jusqu'à ce qu'il rapporte.

L'exposition est pour la vigne une des conditions le plus à rechercher. Le midi et l'est sont les meilleures expositions, quoique néanmoins les terrains exposés au nord et à l'ouest ne laissent pas d'être cultivés en vignobles.

La plantation d'une vigne se fait soit sur un terrain vierge, soit sur un sol ayant déjà porté vigne. Dans le premier cas, il est nécessaire de bien tenir le terrain, de le bien bêcher ou labourer afin de le priver de toutes les mauvaises herbes qui s'y trouvaient.

Dans le second cas, on a soin, aussitôt la vieille vigne arrachée, d'y semer en mars une avoine que l'on récolte dans le courant de l'été

Au mois de novembre suivant, après les vendanges, et en décembre, si le temps le permet, ou en janvier et février, si l'automne a été pluvieux, on procède, dans l'un et l'autre cas, au défoncement à la bêche ou à la pioche du terrain destiné à porter vigne et cela, dans nos pays, d'habitude à 25 ou 30 centimètres de profondeur ; puis on procède à la confection d'une tête de vigne. Ce travail consiste à amonceler en plan incliné, de bonne terre en haut de la vigne, du côté ouest ou nord en opposition à l'exposition, que nous supposons ici être au midi ou à l'est. Alors on nivelle le terrain en tant que ce nivellement ne dépouille pas le sol de sa couche de terre végétale qui, dans certaines localités, n'atteint au plus que 15 à 20 centimètres de profondeur.

Ceci fait, on fiche des échalas sur la bordure du terrain afin de prendre ses points de repère pour la distribution des plants que l'on a l'habitude de planter en quinconce, à la distance de 50 à 60 centimètres pour les lignes horizontales, et de 70 à 90 centimètres pour les routes longitudinales.

La première ligne horizontale de plants est ordinairement placée au moins à 1 mètre 20 centimètres de la tête de vigne, les assises, les provins et les ceps, que l'on enterre en bêchant, suffisent à remplir cet espace en peu de temps.

On a aussi le soin de laisser, de chaque côté de la vigne, une petite sente sur laquelle sont plantées les bornes qui font ligne de séparation entre la propriété que l'on plante et les vignes voisines. Ces sentes doivent, à moins de conventions particulières, être maintenues toujours avec la même largeur. Elles ont d'ailleurs un autre but très-utile, c'est que les riverains puissent accéder à leurs vignes en causant le moins de dommages possible sur les biens voisins.

Il est bien entendu que l'on ne plante pas par la gelée; les meilleurs temps pour la plantation, comme pour l'assiselage, sont les temps un peu mous, sans pluie ni brouillard, car il faut éviter que le plant soit mouillé; s'il pleut, on l'enterre au pied d'un magasin pour l'abriter de l'humidité,

Autrefois on plantait beaucoup par gazon; cette opération consistait à employer des marcottes dont on enveloppait le collet avec une motte de terre grasse. Ce procédé favorisait le développement des jeunes racines, mais son emploi demandait beaucoup de temps, était fort coûteux et demandait, en outre, une certaine habileté de la part de l'ouvrier vigneron.

Aujourd'hui, les pépinières de vignes sont généralement répandues en Champagne, et l'on ne se sert plus guère que de plants enracinés, ayant un ou deux ans de pépinière. Ces pépinières s'établissent ordinairement dans des terrains un peu frais, à proximité d'un cours d'eau ou d'une mare, afin de pouvoir les arroser abondamment dans les mois de grande sécheresse.

On se sert, pour la plantation, du produit choisi de la taille dans des vignes connues pour être de bon plant, que l'on met en bottes et qu'on laisse tremper dans l'eau jusqu'au moment de la confection de la pépinière, fin mars ou avril.

Pour établir une pépinière, on creuse des rigoles de 30 centimètres de largeur sur 30 à 40 centimètres de profondeur, on y couche le sarment, on recouvre ensuite ce sarment d'une couche de terre sableuse, sur cette terre sableuse on étale du fumier bien consommé et bien gras que l'on recouvre à son tour de la terre extraite de la rigole ou roie de la pépinière, de façon qu'il ne sorte de terre qu'un bourgeon après la taille. Aussitôt que la mauvaise herbe commence à envahir le terrain, on a soin de donner un premier binage afin de détruire cette herbe nuisible que l'engrais fait pousser en abondance au détriment des sujets de la pépinière.

A la sève du mois d'août, si la pépinière a résisté aux gelées blanches, fréquentes dans le mois de mai, les jeunes pousses ont déjà acquis du développement, il faut pincer leurs extrémités pour faire grossir et mûrir le premier bourgeon ou œil pour la pousse de l'année suivante, et en même temps pour renforcer le bois de l'année. L'an suivant, avant la première sève, on enlève les pousses inutiles ou trop faibles, et on ne conserve que celles qui ont une apparence de force; on laboure ensuite peu profondément le terrain, toutes les fois qu'il y a lieu de le faire, suivant l'abondance d'herbes, principalement après de petites pluies bien douces; on pince le plant de la pépinière aux époques où on rogne la vigne, et si le plant est assez vigoureux à la deuxième pousse, on le lève de pépinière pour les plantations que l'on a à faire au fur et à mesure que les besoins l'exigent, en automne ou en hiver.

En levant les plants, on a bien soin de rebuter tous ceux qui n'ont pas un chevelu de racines suffisant, car ils ne réussiraient pas dans la plantation ou végéteraient peu la première année, ce qui retarderait d'autant l'assiselage.

Une seconde espèce de boutures, quoique peu usitée, est aussi employée en Champagne, ce sont les Crossettes ou sarments que l'on taille sur des vignes de bon plant, au collet du bois de l'année précédente, et que l'on met tremper le pied dans l'eau jusqu'au moment où la sève commence à se mettre en mouvement. On les plante alors directement dans les vignes. Ce procédé passe pour mettre plus tôt la vigne en rapport. Ce raisonnement est fort juste pour les plants qui prennent racine, mais cette manière offre bien moins de garanties de réussite; il manque beaucoup de plants, et parmi ceux qui ont réussi à prendre racine. il advient le plus souvent que, dès la première année, moitié et souvent moins de ces plants se trouve bien développée, et que cette moitié seule est bonne à assiseler à la seconde feuille, tandis que l'autre moitié reste forcément en arrière d'une campagne.

De là, reprise obligatoire de l'autre moitié de l'assiselage, l'année suivante, perte de temps par suite de l'irrégularité des travaux, et, ce qui est plus important, retard d'une année et plus quelquefois dans la mise en rapport de la plantation totale.

Enfin, il y a une troisième manière de se procurer du plant, c'est le plant qu'on fait par longuettes. Ce plant s'obtient sur un cep à deux bras dans une vigne en rapport. On choisit les brins qui doivent donner ce plant au moment de la taille qui a lieu, quand il ne gèle pas, du 20 janvier au 20 février. Quand on a choisi son sujet, on coupe un des brins comme à la taille, ce qui forme un cep ordinaire; quant à l'autre bras, on le taille en biseau, seulement au sommet, en ayant soin de laisser une certaine longueur de peau qui sert à distinguer le sujet parmi les autres ceps; puis on provigne ce brin en bêchant. Il donne une récolte l'année même; et, l'année suivante, quand il a pris racine, on le lève et on le plante dans les conditions de temps que l'on observe pour les autres plants. Ce plant réussit presque toujours quand il est fait dans les conditions indiquées plus haut. On voit que, par ce procédé de se procurer du plant, on peut planter un an plus tôt qu'avec le plant de pépinière qui doit rester deux ans en jauge; mais les plants ainsi obtenus sont nécessairement peu nombreux, car on ne les lève guère qu'aux endroits où les ceps sont trop serrés. On les emploie ordinairement, et surtout les vignerons propriétaires, à replanter les culées des vignes ou à remplacer les plants qui ont manqué dans une vigne en plantation. Les vignerons qui ont seulement un petit bien évitent ainsi la création d'une pépinière ou l'achat de plants faits; ils y trouvent en outre un grand avantage, c'est qu'ils sont sûrs de l'espèce de plant qu'ils ont choisie, tandis que dans des plants achetés et bien vérifiés, il s'en glisse toujours quelques-uns d'espèces qu'on ne veut point propager.

Trois mois environ avant de commencer la plantation d'une vigne, on a eu soin de faire préparer, à proximité du terrain à planter, un magasin ou dépôt d'engrais composé de bon fumier de bêtes à cornes, dit de ferme, et de terre sableuse, superposés en couches régulières. On compte à peu près 100 mètres cubes de fumier et le double de terre par arpent de 43 ares 27 centiares.

Une fois que les dimensions de 50 à 60 centimètres pour les routes horizontales, et de 70 à 90 centimètres pour les routes longitudinales sont bien prises, en les indiquant soit par un cordeau, soit par de petites rigoles creusées à l'aide d'un hoyau, on procède à la plantation.

On creuse, à chaque point d'intersection des lignes, de petites fosses qui ont la largeur du hoyau, 10 centimètres environ et 40 centimètres de long, sur 20, et 25 ou 30 centimètres de profondeur, suivant l'épaisseur de la couche végétale; dans une couche de terre douce et épaisse, la fossette va jusqu'à 40 centimètres de profondeur; dans un sol plus consistant, les fossettes n'atteignent le plus souvent que 30 centimètres. Ces fosses doivent avoir leur longueur dans le sens de l'exposition que l'on veut donner à la vigne.

On place un plant dans chaque fosse, et on met directement sur ce plant une bonne pannerée à bras de l'amendement préparé que l'on recouvre de la terre de la vigne même.

Cette disposition des plants présente, dans les premières années de la plantation, un aspect régulier qui disparaît aussitôt que le premier provignage ou assiselage commence, et ceci au bout d'un temps plus ou moins rapproché, suivant que la nouvelle plante a acquis plus ou moins de développement. La jeune vigne, ainsi créée, reçoit la première année quatre racleries ou labours légers en juin, en juillet et en septembre, et généralement après les fortes pluies, qui ont pour effet d'encroûter le terrain et d'étouffer la végétation souterraine qui ne peut se passer d'absorber, à travers la terre, la quantité d'air qui lui est nécessaire.

Au mois de février de l'année suivante, on taille la jeune plante à un ou deux yeux suivant sa force.

Au mois de juillet on ébroute, pour élaguer les pousses les plus faibles, en ne conservant que deux ou trois pampres les plus vigoureux à chaque pied de vigne. On procède aussi aux quatre racleries en temps utile, comme il a été dit ci-dessus.

Au mois de novembre, alors qu'on a eu soin, quelques mois auparavant, d'établir un nouveau magasin semblable à celui que l'on a utilisé pour la plantation, on procède à l'assiselage de la plante.

Cette opération consiste à creuser, en dessous et un peu en

avant de chaque plant, une fosse de même dimension que celle creusée pour la plantation, en ayant soin que le talon de la fossette se trouve en contre-bas et touche à la racine du plant que l'on veut y recoucher, afin de l'y abaisser à plat et d'éviter que la racine ne fasse, ce que l'on appelle en Champagne, « l'anse du panier. » Suivant que le pied de vigne a deux ou trois brins, on les écarte, en les assiselant, de 15 à 20 centimètres les uns des autres, afin que leur espacement soit à peu près égal. On ne laisse sortir de terre que deux ou trois yeux et on recouvre le plant assiselé d'une ou deux pannerées à bras d'amendement, selon la dimension des paniers, puis on comble la fossette avec la terre de la vigne. Ce travail ne doit être confié qu'à des vignerons expérimentés et consciencieux, car c'est de cette opération capitale que dépendent et la répartition plus ou moins régulière des ceps dans le vignoble, et la facilité ultérieure des travaux de culture; car toutes les fois que la souche du plant enraciné sa trouve bien à plat sous le sol, l'ouvrier qui donne la façon des labours ne risque pas d'entamer les racines de la jeune plante, ce qui compromettrait l'avenir de la création que l'on vient de faire avec tous les soins qui en promettent la réussite complète. Au fur et à mesure qu'un maître brin est assiselé, on fiche devant lui un échalas que les assiseleurs doivent avoir sous la main et que les porteurs d'amendement leur distribuent en même temps qu'ils leur apportent des paniers de magasin. Il est prudent de ne pas se servir exclusivement d'échalas neufs pour l'assiselage. L'usage étant, dans notre vignoble, d'employer presque uniquement des échalas faits de quartier de chêne, le tannin qu'ils contiennent à l'état naturel est reconnu nuisible aux racines des jeunes plants. On préfère donc renouveler une partie des échalas vieux d'une vigne en rapport, par des échalas neufs et entremêler les vieux échalas avec les neufs pour l'usage de la plante assiselée.

Cette opération jette les fondations, les assises de la vigne, et c'est probablement de cette propriété qu'elle tire son nom.

L'assiselage terminé, on laisse ainsi reposer la vigne qui commence à produire pendant deux ou trois ans, en n'y pratiquant que les façons usuelles, telles que : racleries, pincements ou rogneries, liaisons et labours en temps utile ou quand le besoin s'en fait sentir.

A la septième ou huitième pousse, en mai au plus tard, on opère le détouillage général ou gros provignage.

Cette opération, pour laquelle on a préparé un nouveau magasin bien consommé, consiste à provigner les ceps qui sont trop serrés les uns contre les autres et à en avancer un sur deux, afin de les disperser à travers le vignoble en leur ménageant un espacement d'environ 35 centimètres, et de rompre la régularité des routes, en permettant à chaque cep de jouir d'un plus grand espace, et, par conséquent, de profiter d'un peu plus de terrain pour son alimentation. C'est ce qu'on appelle mettre une vigne en foule. Dans ces conditions, la vigne se trouve dans son assiette normale ; il n'y a plus qu'à l'entretenir et à lui faire subir les façons usuelles de toutes les campagnes.

2° Travaux nécessaires aux vignes en rapport.

Les façons de la vigne ou les divers travaux qu'elle exige après la plantation, l'assiselage et le détouillage ou gros provignage, suivent naturellement la marche des saisons. Tous ces travaux s'exécutent à la main, ce qui reste, pour les personnes qui voient la masse de terrain à tenir, un problème presque insoluble. Il en est pourtant ainsi, et ce qui surprendrait bien plus, c'est le court espace de temps dans lequel chacun de ces travaux s'exécute. Sous la dénomination de roies, on comprend en Champagne les façons suivantes que l'on fait subir à la vigne. Nous leur laisserons leur désignation locale. Ce sont :

1° La taillerie;

2° La bêcherie;

3° La provignerie;

4° La ficherie des échalas;

5° La lison ou liaison des ceps après les échalas.

6° Les rogneries ou pincements;

7° Les labours et racleries;

8° L'acherie ou défichage des échalas.

Ce mot acherie se dit assurément par corruption du mot arrachement.

Avant d'entrer dans des explications de détail sur chacune de ces roies, il ne serait pas inutile de faire connaître les différents modes de faire valoir usités dans nos contrées pour l'exploitation de notre vignoble. La culture des vignes en Champagne, a lieu exclusivement au profit du propriétaire, et, par conséquent, uniquement à ses frais. Dans les mêmes localités, on rencontre plusieurs modes de faire valoir et cela tient surtout au manque d'ouvriers et à l'aisance d'une partie des vignerons qui agrandissent tous les ans leurs propriétés, et consacrent naturellement tout leur temps à la culture de leurs biens.

Ainsi, le seul mode qui était répandu il y a quelques années encore, et qui tend à diminuer aujourd'hui, consistait à donner les vignes à la tâche, la provignerie, la vendange et les travaux d'hiver exceptés; toutes les autres roies étaient comprises dans le marché. Les propriétaires s'engageaient et s'engagent encore, pour ceux qui font usage de tâcherons à payer à ces derniers par arpent (43 ares 27), une moyenne de 180 fr. en espèces pour les travaux sus dits, et 18 bouteilles de vin pour la roie dite bêcherie. On délivrait et on délivre en outre environ huit glus ou bottes de dix livres de paille de seigle émondée par arpent, pour lier la vigne

L'autre mode, et c'est le plus dispendieux, consiste, à défaut de tâcherons consciencieux, à faire exécuter les travaux à la journée, surtout dans les jeunes plantes qui demandent bien plus de soin que des vignes depuis longtemps en rapport. Ce système d'exploitation coûte tous frais faits, amendement compris, de 600 à 700 fr. environ de l'arpent, tandis que l'autre mode ne coûte guère que 400 à 500 fr. Les journées de printemps surtout atteignent fréquemment, jusqu'à la fin du mois de mai, le prix de 3 fr. à 3 fr. 50 et une bouteille et demie à deux bouteilles de vin; quelquefois aussi, au moment de la bêcherie, elles atteignent 4 fr., 4 fr. 50 et même 5 fr. et deux bouteilles de vin par ouvrier et par jour.

Les journées d'hiver, sept heures de travail en moyenne, se paient 2 fr. les hommes et 1 fr. 75 les femmes, plus une bouteille et demie de vin par ouvrier. Les journées d'été, qui sont de dix heures, commencent en juin et se continuent jusqu'à la vendange, elles se paient en moyenne 2 fr. 50 les hommes et 2 fr. les femmes, plus une bouteille et demie de vin.

Ces ouvriers à la journée se nourrissent eux-mêmes. Il est d'usage de leur donner aussi chaque matin, avant leur départ pour les vignes, la goutte d'eau-de-vie de marc, affreuse boisson qui jouit pourtant parmi eux d'une grande faveur.

Depuis quelques années, plusieurs propriétaires ont pris l'habitude, afin de s'assurer des ouvriers qu'ils savent bons vignerons, et lorsqu'ils ont surtout un lot de vignes assez important à faire valoir, de louer au mois un certain nombre d'ouvriers, du 15 février au 15 juillet.

Quelques-uns les logent et les nourrissent, d'autres leur donnent un prix variant entre 75 et 85 fr. par mois, sans nourriture ni logement, mais en leur fournissant une bouteille et demie ou deux bouteilles de vin et la goutte d'eau-de-vie le matin, ainsi que c'est passé en usage dans toute la Champagne pour tous les ouvriers vignerons.

Quelques propriétaires ont aussi essayé des engagements à l'année pour s'attacher de bons ouvriers pendant toute la durée des travaux. Tout le travail qui, ordinairement, est en dehors les tâches : provignerie, vendanges, travaux d'hiver, pressurage, aiguisage des bâtons, etc., se trouvent compris dans le marché. On les paie ordinairement 700 fr. et 400 litres de vin plus l'eau-de-vie.

Ils ne sont ni logés ni nourris. Ils forment ainsi un chantier complet qui, sous la conduite du maître vigneron, exécute tous les travaux et que l'on a toujours sous la main.

Nous avons fait nous-même cet essai, et, jusqu'à présent, nous avons obtenu des résultats très-satisfaisants. Nous y voyons un grand avantage : la surveillance est plus facile, et le travail est bien fait et plus rapidement, car il existe toujours entre ces ouvriers réunis toute une année, une certaine émulation qui est tout à l'avantage de ceux qui les emploient. Les engagements se font sur timbre et portent certaines pénalités consenties par les ouvriers et que nous n'avons d'ailleurs pas eu l'occasion d'appliquer encore.

Les travaux d'hiver, qui ne sont pas compris dans la tâche ni dans les locations au mois, se font naturellement, pour ceux qui n'emploient pas d'engagés à l'année, tous à la journée. Ces travaux consistent à porter à la hotte les magasins préparés en bordures des vignes et à les distribuer par petits tas sur la surface du vignoble. De cette façon, cet amendement profite déjà un peu au terrain avant son emploi à la provignerie, et ce travail, effectué à la morte saison, avance d'autant les travaux du printemps, tout en produisant une économie pécuniaire; les journées de porteurs d'amendement, au printemps, coûtant environ le double des journées d'hiver.

Un second travail, qui a beaucoup d'analogie avec le précédent, c'est de transporter aussi à la hotte de la terre destinée à recharger la vigne ; on répand aussi cette terre par petits tas que le vigneron, qui bêche la vigne, doit distribuer à peu près uniformément.

De ces deux travaux, l'un exclut nécessairement l'autre, car si c'est de la terre que l'on veut mettre dans la vigne, il est impossible d'y porter aussi l'amendement, car la terre doit être répandue à la bêcherie, et l'amendement est employé seulement à la provignerie qui est plus tard.

Dans le cas où c'est de la terre que l'on veut répandre, comme elle force à retarder le transport de l'amendement, on forme à la culée de la vigne, à un endroit réservé, le magasin qui doit servir à la provignerie.

Enfin, pour terminer ces travaux, on replante les culées des vignes qui se dégarnissent tous les ans, par suite de notre façon, dite bêcherie, qui fait avancer les ceps vers la tête de vigne d'autant qu'on les recouche en terre. On redresse les sentes d'accès, on plante les bornes et les piquets de défense.

Les vignes, en Champagne, sont tenues très-basses, et plus encore dans les vignobles de raisin noir que dans ceux de raisin blanc. Nous croyons pouvoir affirmer que cet usage, consacré par l'expérience et par les exigences de notre climat, a encore une raison d'être qui est d'une importance majeure, c'est que nous avons été préservés jusqu'à ce jour, dans nos vignes, de la terrible maladie de l'oïdium, tandis que dans nos jardins, nos vignes en treille en sont fréquemment atteintes. Il faudrait donc en conclure, si nous sommes dans le vrai, que cette maladie ne s'attaque qu'à la vigne qui dépasse une certaine couche de l'atmosphère, environ un mètre, et que toute végétation qui ne dépasse pas cette limite en est préservée.

Nous sommes désireux de voir les vignobles qui sont sujets à cette maladie en faire l'expérience. Ils auraient peut-être là dans la nature elle-même, le remède à ce mal que l'on n'a éteint jusqu'à présent qu'à force de soufre et de grands frais. Examinons maintenant dans leur ordre les roies dont nous avons donné la nomenclature plus haut.

1° TAILLE OU TAILLERIE.

La première des roies est la taillerie, qui s'effectue d'habitude en février et avant toute apparence de sève. Suivant la nature du sol et les usages locaux, on taille sur deux et trois yeux. Le sarment récolté après cette façon, se bottelle une fois qu'il est bien sec, et devient généralement la propriété du vigneron qui a taillé la vigne. La botte se vend ici quinze centimes, rendue à domicile. C'est un accessoire de ménage dont les cordons-bleus champenois sont très-friands pour mettre leur feu en train; mais, en résumé, quoique donnant une flamme très-vive, cela ne vaut guère mieux qu'un feu de paille avec un peu plus de durée que ce dernier. C'est pendant ce travail qu'on choisit les ceps qui doivent fournir des provins, on émonde ces ceps en ne leur laissant que deux maîtres brins et rarement trois, qu'on ne taille pas ou très-peu, et on choisit en même temps ceux qui doivent donner des longuettes. On se sert, pour ce travail, d'une serpette simple ou d'une serpette sécateur.

2° BÊCHERIE.

La bêcherie, la roie capitale, en Champagne exclusivement, succède à la taillerie en mars et jusqu'à fin avril. Cette façon, estimée d'une importance vitale pour nos vignes, est fort coûteuse quand on la fait faire à la journée, car elle consiste à rabaisser en terre, à environ dix centimètres de profondeur ou quinze et même plus, suivant l'épaisseur de la couche végétale et l'âge de la vigne, le vieux bois jusqu'au collet, et à ne laisser sortir de terre que le bois de l'année écoulée qui a porté la récolte. On a fait la remarque, dans notre vignoble et même dans toute la Champagne que, vu le peu de profondeur de terre végétale, par conséquent vu la nature de nos terrains maigres et calcaires, la souche mère de chaque cep de vigne a bientôt épuisé, sur un certain rayon, l'endroit où elle a pris naissance; et, pour faciliter à la plante l'absorption des sucs qui la nourrissent, on a reconnu avec justesse qu'en enterrant le vieux bois tous les ans jusqu'au collet, on favorisait le développement très-prompt d'un chevelu abondant, formé de jeunes radicelles qui puisaient en tous sens et dans un terrain nouveau la nourriture nécessaire, ce qui permet à la vigne de subsister avantageusement dans des terrains généralement ingrats ; de plus, cette opération n'éloignant pas beaucoup la racine de la plante de la surface du sol, lui permet de profiter plus directement de l'action bienfaisante du soleil, ce qui contribue, dans une certaine mesure, à sa production précoce pour notre climat. Cet usage du rabaissement ou recouchage et d'avancement de chaque cep de vigne, et cela tous les ans, fait qu'au bout d'un certain temps tout le vignoble se trouve garni d'un réseau souterrain de longues racines qui atteignent souvent de sept à dix mètres de long et qui, s'enchevêtrant les unes dans les autres, forment une espèce de plancher en sous-sol, ce qui oblige à recharger de terre les vignes, de temps en temps, et à ne pas les labourer trop profondément, dans la crainte d'entailler les racines que l'on voit quelquefois sortir de terre dans les vignes où les ouvriers n'ont pas mis tous leurs soins à bien recoucher à plat les ceps qu'ils rabaissent à la bêcherie.

Dans certains vignobles de la Champagne, et principalement à Aï et dans les contrées qui avoisinent ce grand crû, on a l'habitude de bêcher la vigne en automne. Les vendanges s'effectuant dans ces vignobles de raisin noir généralement quinze jours avant qu'on ne les commence dans la Montagne d'Avize, où l'on cultive exclusivement le raisin blanc moins précoce ; les vignerons profitent de cette avance pour effectuer leur taillerie et leur bêcherie pendant l'automne. Cette faculté, qu'ils doivent à l'espèce de plant qu'ils cultivent, est du meilleur effet pour les vignes de raisin noir ; car l'hiver, passant sur ces travaux, permet à la végétation de profiter des premières influences de la sève, tandis que, dans notre vignoble, nous arrêtons quelquefois ce premier effort de la végétation printannière par ce travail radical de la bêcherie, que nous faisons subir à la vigne à ce moment.

D'autre part, quand bien même un bel automne favoriserait

ces premières roies, nous hésitons à les faire dans cette saison dans la crainte des gelées du mois de mai ; car cette bêcherie d'automne, avançant un peu la végétation au printemps, le bourgeon se trouverait trop avancé à l'époque des gelées et nous risquerions de compromettre nos récoltes.

Les terroirs qui ne cultivent que le raisin noir n'ont pas ce grave inconvénient à redouter; le plant de noir a la faculté, au cas où le premier bourgeon serait gelé, de rejeter de suite un contre-bourgeon qui assure encore une bonne récolte, s'il n'arrive pas d'autres accidents dans le courant de la campagne.

Le plant de blanc ne rejette pas ou ne rejette que rarement, et, dans ce cas, il ne donne que peu ou pas de fruit.

L'ouvrier, en bêchant, rejette toujours un peu de terre derrière lui, et c'est pour que cette façon de faire ne présente pas d'inconvénients lorsque l'on arrive aux têtes de vignes que l'on exhausse ces têtes en forme de plan incliné.

L'outil qui sert à la bêcherie est une pioche ou hoyau non fourchu, d'environ dix centimètres de large et à manche recourbé. Quand cet outil est en main, la courbure du manche est toujours en dedans, c'est-à-dire tournée vers la terre.

Autrefois, dans les vignes où on n'avait pas laissé de sujets destinés à faire des provins, on plantait les bâtons aussitôt la bêcherie. Cet usage est encore répandu chez les propriétaires-vignerons; mais il a disparu chez les propriétaires bourgeois. On en attribue la cause à ce que, dans certaines années, quand on était en retard pour les premiers travaux, il fallait passer immédiatement de la bêcherie à la provignerie, et qu'on attendait que cette roie fut terminée pour ficher toutes les vignes.

Toujours est-il que cette opération est devenue une roie à part, qui se fait chez les propriétaires-bourgeois, dans les vignes en tâche ou à la journée indifféremment, toujours après la provignerie.

3° PROVIGNERIE.

A la bêcherie succède immédiatement la provignerie, en mai au plus tard. Comme nous l'avons dit plus haut, c'est à la taille de la vigne que l'on a soin de réserver, sans les tailler ou en les écourtant seulement un peu, les ceps que l'on a l'intention de provigner. La provignerie a pour but de rajeunir la vigne, de regarnir les places laissées vides par les ceps morts et d'augmenter aussi le nombre de ceps d'un vignoble toutes les fois que l'on reconnaît que la vigne n'est pas assez drue. Elle a aussi pour résultat d'amender le terrain, car après avoir creusé devant chaque cep que l'on veut provigner une fossette assez longue, profonde et large, pour y rabattre le provin en ne laissant sortir de terre que trois yeux, on a soin de verser dans la fosse une pannerée à bras ou deux de bon magasin suivant que les provins sont à un ou deux bras. Si les provins sont à deux bras, on les espace de vingt-cinq à trente centimètres, suivant que les ceps voisins sont plus ou moins rapprochés. On recouvre ensuite l'amendement avec la terre de la vigne que l'on a extraite en creusant la fosse. On ne fait de provins à un bras que pour avancer des ceps vigoureux qui se trouvent trop rapprochés de leurs voisins.

Cette roie a donc beaucoup d'importance, puisqu'elle repeuple le vignoble et le rajeunit.

Il faut la confier à de bons vignerons qui doivent avoir soin de bien rabattre à plat dans le fond de la fossette le cep qu'ils provignent afin d'éviter toujours ce que nous appelons l'anse du panier, inconvénient insurmontable pour les autres travaux de culture. Il faut donc éviter que ce travail soit effectué à la légère, par des ouvriers inhabiles, peu consciencieux et sabrant la besogne sans songer au préjudice immense qu'ils causent à la propriété viticole.

Après ce travail, chaque brin de provin devient cep et rapporte dans l'année.

Dans le cépage de raisin blanc, on ne peut prendre de provin sur un provin qu'au bout de trois ou quatre ans; sur les cépages de raisin noir, on peut gagner une année.

Dans les vignes où l'engrais n'a pas été répandu par petits tas pendant l'hiver, cet engrais est apporté aux ouvriers qui provignent, par des femmes ou des enfants, et dans de petits paniers à bras que l'on appelle dans le pays « paniers mandelettes. »

Pour la provignerie, on se sert du hoyau à bêcher et d'un crochet en fer terminé en pointe à l'extrémité opposée à la courbe et long de trente centimètres. Ce crochet sert à maintenir le cep couché auprès de l'ouvrier, pendant qu'il creuse la fosse où doit être placé le provin.

4° FICHERIE.

Après les vendanges, on arrache aussitôt les échalas et on les réunit en moyères, ce qui consiste à placer les bâtons droits les uns contre les autres, la pointe en bas, et s'appuyant au centre de la moyère sur quelques bâtons solidement fichés en terre et en croix pour servir de point de maintien à environ 1,250 échalas, si l'on prend pour moyenne seize moyères par arpent de 43 ares 27. Ces moyères se dressent sur des places réservées à cet effet et répandues symétriquement dans le vignoble, ce qui le réduit d'autant de terrain qui ne se trouve jamais en culture.

Le moment de la ficherie venu, c'est-à-dire aussitôt après la provignerie, les ouvriers ficheurs que l'on choisit d'habitude parmi des vignerons robustes, se font aider, pour ce pénible travail, par une femme qui va chercher aux moyères une brassée d'échalas et les tend un à un à cet ouvrier.

Celui-ci s'attache au creux de l'estomac une pièce de bois, appelée fichoir, qui est munie d'un coussinet en dessous et entaillée au milieu de l'autre face; puis, s'aidant des bras et du poids de son corps, il fiche en terre l'échalas. Pour cela il appuie le bout opposé à la pointe dans l'encoche du bois à ficher. Dans les vignes faites en tâche, c'est le tâcheron qui doit exécuter la ficherie.

A Aï et dans les crûs avoisinants, aussi bien que dans les autres crûs de raisin noir, dits de la Montagne de Reims et Marne (rive gauche), où la vigne est tenue plus basse que dans la Montagne d'Avize, les échalas sont, par conséquent, moins forts et moins élevés, aussi les vignerons se servent-ils d'un maillet de bois pour planter les échalas, mais cette opération leur prend plus de temps que dans la Montagne d'Avize où on ne se sert du maillet que dans les années de grande sécheresse pendant lesquelles le sol devient trop dur pour que l'on puisse ficher de la manière ordinaire.

Pour cette roie, on donne toujours plus de vin que pour les autres.

On fait usage, en Champagne, de différentes essences de bois pour les échalas.

Les plus réputés, mais les plus rares aujourd'hui dans nos contrées sont les échalas en taillis de chataignier, fendu en trois ou quatre à la bûche. Ce bois est léger, ne contient pas d'aubier et la pointe ne s'en brise pas facilement. Ils coûtent de 3 fr. à 3 fr. 50 la botte d'échalas bruts de un mètre quinze de long et environ un pouce carré d'épaisseur. Cette mesure est de rigueur dans toute la Montagne d'Avize ; dans les autres vignobles, ils ne dépassent guère un mètre de hauteur et sont un peu moins forts.

En second lieu, viennent les échalas en cœur de chêne ; ils sont aussi bons que ceux de chataignier et coûtent même plus cher. Il faudrait les payer 5 fr. la botte (50 bâtons) brute, et les marchands de bois, qui les font fendre dans des billes de chêne dont la moitié est de l'aubier qui pourrit de suite en terre, ne s'en dessaisissent qu'à la condition d'y mélanger moitié aubier et moitié cœur, et les vendent ainsi 2 fr. 40 à 2 fr 50 la botte.

Viennent ensuite les échalas de dragonnage de chêne qu'on ne paie que 2 fr. ou 2 fr. 25 la botte et ne valent pas grand chose à l'usage, car la majeure partie est de l'aubier, et le peu de cœur qui reste est généralement mal tourné et difficile à aiguiser et à équarrir, opération qui se fait à la place sur un établi, dit banc à aiguiser.

Une autre espèce d'échalas, qui est d'un très-bon usage, mais qu'on se procure de plus en plus difficilement, ce sont les échalas de taillis d'acacia de trois à quatre à la bûche. Ce bois est excessivement dur et exempt d'aubier comme le chataignier. Il faut avoir le soin de se procurer ces échalas sur le vert, de les faire aiguiser aussitôt et de les faire mettre en botte de suite afin de les empêcher de se contourner, particularité commune à ce bois. Ils coûtent de 2 fr. 50 à 2 fr. 75 la botte. Les vignerons ne les aiment guère, parce qu'étant assez lourds, ils sont d'un maniement plus difficile, mais ils ont une grande durée.

Les échalas les plus communs sont ceux en bois de sapin que l'on écorce et que l'on met ensuite en botte pour les empêcher de se gaucher. Ils valent de 2 fr. à 2 fr. 25 la botte. Il ne faut pas confondre ces échalas avec ceux que l'on vend pour du taillis et qui sont faits avec des branches de sapin. Quand ces derniers sont retirés des bottes et fichés dans la vigne, le premier rayon de soleil leur fait faire l'arc et cet inconvénient gêne nécessairement les travaux de culture, l'espace entre les ceps n'étant pas assez grand pour que l'on puisse admettre que des échalas tordus viennent gêner les roies indispensables après la ficherie.

Une des conditions nécessaires à un bon échalas, si ce n'est l'essentielle, est d'être à peu près droit. Pour les propriétaires qui tiennent à avoir des échalas absolument droits, il en est une espèce, la pire de toutes, ce sont les échalas de sapin scié. Nous n'en parlons que pour mémoire et pour clore la nomenclature des différentes espèces en usage dans la Champagne.

Quoiqu'ils coûtent de 1 fr. 50 à 1 fr. 75 la botte, ils ne valent pas le charroi, comme on dit vulgairement en parlant d'eux, dans le vignoble et malgré les soins qu'on prend de les passer au sulfate de cuivre et de les tremper par la pointe dans de la boue de gaz, les ficheurs et surtout les vendangeurs les cassent comme du verre. C'est donc une fausse économie, et cependant beaucoup de propriétaires en font usage sur une assez vaste échelle.

En général, des bâtons de bons bois et faits dans de bonnes conditions ont une durée de dix ans sans qu'on ait besoin de les remplacer.

5° LIAISON.

Aussitôt la provignerie et la ficherie terminées, fin mai au plus tard, on se hâte de lier la vigne après les échalas plantés au pied de chaque cep. On se sert pour cela de la meilleure paille de seigle émondée. Il faut, en moyenne, huit bottes de paille de dix livres ou glus pour lier un arpent de vigne.

6° LABOURS ET RACLERIES.

Les labours et racleries sont au nombre de trois et se donnent : la première raclerie après la liaison, fin mai ou commencement de juin; la seconde en juillet, et la troisième raclerie à la fin de septembre. C'est cette dernière qu'on appelle labour de septembre. Nous les décrirons dans leur ordre.

Ces racleries s'effectuent à la main, au moyen d'un petit hoyau, dit raclette ou roâle, dont le manche est droit. La lame est plate, a presque un pied de long et dix centimètres de large, elle est moins épaisse que celle du hoyau à bêcher. La monture de cette lame est coudée, comme dans ce dernier, à l'endroit où s'adapte le manche.

Le hoyau à bêcher et la raclette sont les principaux outils du vigneron champenois qui s'en sert à presque toutes les roies.

7° ROGNERIES OU PINCEMENTS.

Soit que la mauvaise herbe envahisse par trop le vignoble ou que la rognerie presse davantage, on commence par la raclerie ou par la rognerie, mais le plus souvent par la raclerie. La première rognerie se fait à la main, en cassant le pampre qui est très-tendre à cette époque, par un petit coup sec à l'endroit d'un nœud et à la hauteur du genou, quand c'est un homme qui la fait. Quand c'est une femme ou un enfant, ils cassent la pousse au nœud qui se trouve au-dessus du second œil qui surmonte le dernier raisin. La partie écourtée qui reste adhérente au cep, est ce qui doit donner le bois pour la taille de l'année suivante.

Cette opération fait profiter le raisin encore petit et le rameau qu'on a laissé, de la sève qu'eut absorbée la partie enlevée.

Les rognures de la vigne ne pouvant servir à rien dans la culture, les vignerons ont soin de les porter vertes à leurs bêtes de somme, ânes et vaches, ou encore aux moutons ou aux chèvres qui en sont très-friands ; ceux qui n'ont pas de bestiaux, les laissent sécher, ce qui leur fait pour l'hiver une espèce de foin, appelé foin de brout, dont ils nourrissent des lapins. On rogne au commencement de juin.

Dès la première quinzaine de juin, on est dans l'attente de la floraison. La vigne est généralement en pleine fleur à la Saint-Jean (24 juin). C'est le moment critique, ainsi que le savent tous les viticulteurs, car le beau temps chaud est absolument nécessaire pour mener la fleur à bonne fin.

Que de déceptions dans ce court espace de temps ? que de belles récoltes entièrement compromises par une température refroidie et humide! Les vignerons et les propriétaires viticoles seuls connaissent ces inquiétudes de tous les instants ; et, après avoir échappé aux gelées tardives mais malheureusement trop fréquentes de mai, quelles craintes n'éprouvent-ils pas encore avant que le verjus ne soit formé et la vigne défleurie. Une petite pluie chaude, juste suffisante pour laver la fleur une fois le verjus noué, ne fait pas de mal.

Du 1er juillet au 1er août, on ne manque pas de donner une seconde raclerie à la vigne ; cette raclerie se donne comme la première, mais elle est souvent plus laborieuse, suivant que l'été est sec ou pluvieux. On est quelquefois obligé de compléter cette roie par un ésherbage, si les mauvaises herbes ont acquis de la force et de la ténacité, et ne peuvent s'extirper autrement. Le liseron ou liset, que l'on appelle aussi dans nos pays laceron, quoique ces deux plantes soient différentes, et le chardon, sont les herbes dont nous avons le plus de mal à purger nos vignes. Les racleries au roâle n'y peuvent rien, l'outil glisse sur la première de ces herbes et ne peut pénétrer assez profondément pour enlever les racines des chardons. Ce travail d'ésherbage ne peut guère se faire qu'à la main aussi bien que l'extraction d'une variété sauvage de l'oignon que l'on appelle en Champagne des *aulx de loup*, et qui se multiplie à l'infini, si on n'a pas soin de le détruire avant la floraison. Le mois d'août est un temps d'arrêt pour la culture des vignes ; on en profite pour préparer les magasins pour la campagne suivante. Ces magasins sont formés partie de fumier, partie de terre vierge de montagne, que l'on superpose par couches régulières, en y mélangeant, suivant la nature du sol, où ils doivent être employés, soit de la terre sableuse, soit de la craie, soit de la terre cendreuse et sulfureuse, et fréquemment aussi, pour les magasins qu'on n'établit qu'en automne, le résidu des aignes cuites, dont les fabricants d'eau-de-vie de marc ont extrait toute la partie alcoolique. Ces aignes qui, par le fait du bouillage, ont perdu toutes leurs qualités, ont l'avantage, dans les terrains un peu compactes, de soulever la terre et de faire circuler l'air plus librement dans un sol devenu moins serré. Nous avons dit que les engrais employés étaient les fumiers ordinaires, dits de ferme, et les compos ou magasins.

Ces derniers ont sur les fumiers de ferme, employés seuls, un grand avantage : c'est qu'en produisant les mêmes résultats, ils fournissent en plus de la terre, ce qui fait que les propriétaires ont moins souvent à en recharger leurs vignes; ce qui leur évite le double charroi de cette terre qu'il faut souvent transporter d'assez loin.

Ces engrais servent à la provignerie, et la commodité de la dispersion par petits tas dans le vignoble pendant les journées d'hiver, c'est que les provins à faire ne sont pas éloignés de ces petits monceaux d'engrais, et que l'on gagne ainsi du temps sur le transport qui serait plus gênant et plus dispendieux à d'autres moments.

Cependant beaucoup de propriétaires, ayant chevaux et voitures, préfèrent dresser les magasins non loin du pays où ils habitent, et les font transporter par voiture et à dos de cheval dans leurs vignes au moment de la provignerie. Ils économisent ainsi la plus grande partie des journées d'hiver.

Vers la fin d'août, le raisin, arrivé à une certaine grosseur, commence à caniculer ou à blêchir. Le bois étant arrivé à maturité, toute la sève d'août doit se porter naturellement sur le fruit. C'est alors que l'on procède à la seconde rognerie pour empêcher la sève de monter et la forcer à s'élaborer au profit exclusif du raisin.

Ce second pincement se fait à la main sur la seconde pousse qui sort des bourgeons laissés au premier rognement sur la pousse du printemps. On coupe à un nœud qui est au-dessus du dernier œil laissé au premier rognement. Cette pousse donne aussi du fruit qui ne mûrit jamais dans nos contrées. Plus on voit de ce raisin bâtard, que les vignerons appellent bourreux, moins le second pincement a été bien exécuté. On enlève aussi toutes les pousses inutiles sorties des autres parties du cep et qui absorberaient une certaine quantité de sève qui doit profiter au raisin.

Aussitôt le second pincement terminé, fin août ou dans les

premiers jours de septembre, on donne la troisième raclerie ou labour de septembre en y adjoignant un travail très-utile. On a soin, en labourant, de creuser un peu autour de chaque cep, pour isoler les raisins qui traînent sur terre. Ce travail leur donne de l'air et les empêche de pourrir. Dans les années où le raisin est en avance, il est quelquefois nécessaire de ne pas donner cette roie, de peur d'égrener les raisins qui touchent au sol. On la donne alors après vendanges et acherie.

Après ces travaux, le raisin n'a plus qu'à compléter sa maturité.

Vers la fin de septembre ou dans les premiers jours d'octobre, selon le temps qu'il a fait en été, les vignobles de la rive droite de la Marne, le célèbre crû d'Aï en tête, donnent le signal de la vendange.

La Champagne, contrairement aux autres vignobles de la France, n'est pas assujettie au ban de vendanges. Cela tient probablement à ce que les espèces que l'on cultive, sont plus hâtives les unes que les autres, et au nombre d'usines à presser qui seraient insuffisantes pour la pressée en masse. Propriétaires comme vignerons commencent quand bon leur semble ; c'est une question de prix des journées de vendanges et surtout du degré de maturité du raisin.

La Montagne d'Avize, ainsi que nous l'avons dit plus haut, en raison de sa culture exclusive du raisin blanc, moins précoce que le raisin noir, vendange ordinairement quinze jours après les deux rives de la Marne et la Montagne de Reims:

Aussitôt le raisin reconnu mûr, il faut se hâter, car grives, sansonnets, perdreaux et cailles s'en gorgent à l'envi, et nous avons vu des contrées entières de vignes, surtout dans les bordures, où ces terribles maraudeurs avaient tout dévasté.

La population indigène ne suffisant pas partout à la récolte du raisin, des bandes de vendangeurs arrivent tous les ans des départements limitrophes pour venir en aide aux bras du pays. Ces vendangeurs, auxquels on préfère toujours les vignerons du pays, quand même on devrait les payer dix ou quinze centimes de plus que le cours de la place, se réunissent alors dans les principaux villages, au son de la cloche, à quatre heures du matin, sur la place publique où l'on fait prix avec eux. Ce prix varie tous les jours, suivant le plus ou moins de vendangeurs que l'on embauche. Il varie de 1 fr. 25 à 3 fr. 50 suivant les exigences du moment et l'importance de la vendange. Hommes, chevaux, mulets, tout se loue si la récolte est abondante. On forme ainsi des escouades, et chaque matin, sous la conduite du propriétaire ou de son maître vigneron, une horde ou hordon, comme on dit ici, se rend à la vigne où le travail commence.

Dans la Montagne d'Avize, on a l'habitude de donner aux vendangeurs la goutte d'eau-de-vie de marc et un morceau de pain le matin, avant le départ, et, à midi, un pain d'une livre avec des légumes ou du fromage et deux ou trois verres de vin.

La horde comprend : les vendangeurs ou cueilleurs, les porteurs de petits paniers, les débardeurs ou porteurs de grands paniers, et les éplucheuses.

Le vendangeur est tenu d'apporter son panier à bras et sa serpette. Ces petits paniers, les mêmes que l'on emploie à la plantation, à l'assiselage et à la provignerie, pour le transport de l'amendement, peuvent contenir environ cinq kilogrammes de raisins. Les femmes et les enfants sont généralement chargés de la cueillette du raisin. Un homme, par chaque dix cueilleurs, est chargé d'aller vider les petits paniers dans de grands, dits *paniers-mannequins,* pouvant contenir de 80 à 100 kilogrammes de raisins. Ces paniers sont disposés le long des sentes, à la culée ou à la tête de la vigne. Ces porteurs de petits paniers ont la consigne de les vider dans les grands, l'un après l'autre, afin de donner le temps aux éplucheuses préposées à cet effet d'enlever les grains pourris, piqués, séchés ou altérés par la grêle, que les cueilleurs auraient laissé après les grappes, aussi bien que de raccourcir les queues que les cueilleurs n'ont pas toujours le soin de couper auprès de la grappe

Chez les propriétaires soigneux de leur récolte, cette opération de l'épluchage se fait avec beaucoup d'attention sur des claies posées sur les paniers-mannequins. Cette précaution est très-utile, car malgré tous les soins que l'on prend pour éplucher le raisin, on ne peut éviter de laisser tomber dans le panier les grains malsains qui se détachent tout seuls de la grappe, tandis que comme cela ils restent inévitablement sur la claie où les porteurs viennent vider leurs paniers. On enlève ces grains malsains aussitôt que l'on a trié le bon raisin : malheureusement cet épluchage est très-long, aussi ne le fait-on avec autant de soin que dans les années où la récolte contient beaucoup de grains avariés ; dans le cas contraire, on se contente de l'épluchage au panier, qui est bien plus rapide. A mesure que les paniers-mannequins sont remplis, des débardeurs les emportent à l'aide d'une civière creuse ou d'une barre de bois que l'on passe dans les anses du panier. Ils vont les déposer sur un grand chemin où des voituriers, des muletiers ou des âniers les chargent sur leurs voitures ou sur le dos de leurs bêtes de somme et les transportent chez le propriétaire.

Les porteurs et les débardeurs sont ordinairement payés de 15 à 25 centimes, et les éplucheuses 10 centimes plus cher que les vendangeurs.

8° ACHERIE.

Les vendanges terminées, les vignerons achent les vignes, c'est-à-dire retirent les échalas et les mettent en moyères. C'est aussi le moment de donner la troisième raclerie si l'on n'a pu la donner en septembre. Ces dernières opérations closent la série des façons multiples et laborieuses qu'exige la culture des vignes en Champagne.

Le raisin est pressé en général le lendemain du jour où il a été cueilli. Cette opération de la pressée ne peut pas être longtemps retardée, car on s'exposerait à voir le raisin subir dans les paniers une fermentation putride qui compromettrait une partie de la récolte.

Avant de terminer, nous allons nous occuper d'un système de culture peu différent par la base de notre culture actuelle, mais présentant des améliorations et des avantages que nous voudrions voir accepter par tous nos compatriotes vignerons. Nous pourrons en parler avec impartialité, car nous n'en sommes pas les auteurs, et nous ne connaissons même pas ceux qui en ont eu la première idée. Toutefois, nous en parlerons avec connaissance de cause, car nous en avons suivi les effets depuis dix ans et nous en avons essayé nous-mêmes.

Cela nous permettra de prouver qu'en repoussant aussi énergiquement le système de culture proposé par M. le docteur Guyot, système sinon condamné chez nous, du moins bien près de l'être, nous n'avions pas de parti pris et qu'après expérience nous n'hésitons pas à nous éloigner un peu de la routine champenoise.

Nous sommes, très-partisans des améliorations pratiques et utiles, à la condition, toutefois, que ces améliorations ne changent pas le système usité ici, qui est spécial à nos vignobles champenois et que nous considérons à juste titre et pour cause, jusqu'à présent, comme essentiellement important pour la conservation de nos vignes.

En, effet les résultats sont si palpables avec l'ancien système, notre vignoble est si prospère et les produits de la Champagne ont une telle réputation de supériorité, que nous considérons le système qui a donné à notre pays gloire, profit et renommée comme l'arche sainte à laquelle il ne faut toucher qu'avec beaucoup de circonspection.

Quoique M. Urbain, notre collaborateur, ait déjà fait paraître ces observations dans le *Journal de l'Agriculture pratique*, nous avons attendu jusqu'à présent pour publier ce petit travail sur les procédés de culture de la Champagne, afin de pouvoir parler en détail, et d'après des expériences sérieuses, d'une amélioration pratique que nous jugeons assimilable et avantageuse à nos contrées.

Nous avons suivi depuis dix ans une modification introduite dans la disposition des vignes, pour la première fois, croyons-nous, dans notre vignoble, par Mme Thiercelin, d'Epernay, sur une petite échelle et dont, en 1866, M. P***, propriétaire à Avenay sur Aï, a fait l'application en grand sur une dizaine d'arpents de vignes.

Ce système consiste à planter la vigne en sillons longitudinaux de 1 mètre à 1 mètre 25 de large et séparés les uns des autres par des sentes de 35 à 40 centimètres de large. Cette disposition en sillons nous paraît offrir des avantages importants et sérieux. On obtient d'abord une aération plus régulière, indispensable à toute végétation, par conséquent, une plus grande production et une plus parfaite maturation du bois et du fruit. Nous avons une preuve évidente de la vérité de ce principe : le long des sentiers, aux culées et aux têtes de vignes en foule, les ceps qui se trouvent en bordure sont toujours plus vigoureux, plus chargés de raisins et ceux-ci plus beaux et plus également mûrs que ceux de l'intérieur du vignoble. Cela tient uniquement à ce que le soleil échauffe plus directement chaque cep et à ce que la terre elle-même, moins ombragée par les feuilles que dans le reste du vignoble, offre plus de superficie à l'action des rayons solaires et renvoie ensuite, pendant la nuit, une plus grande quantité de calorique. Les brouillards et les fraîcheurs qui en résultent, si préjudiciables à la vigne, au printemps, sont bien moins à redouter en raison de cette aération.

En partant de ce principe, le nouveau système nous paraît

assis sur des bases solides et justifiées, et la plante traitée par ce système en retire tous les avantages que nous avons montrés comme inhérents aux ceps de bordure dans les vignes en foule.

Quant aux avantages économiques de ce système, ils sont évidents et très-grands; toutes les façons deviennent plus faciles et plus promptes. Les racleries et les autres roies secondaires sont pratiquées sans difficultés et peuvent être exécutées sans quitter les sentes, alors même que des temps humides rendraient imprudent le piétinement des ouvriers dans les vignes en foule. Le service de l'amendement à la provignerie, se faisant alors le long des sentes, que de bourgeons qui, à cette époque, ne se défendent pas encore, d'épargnés par les jupons des porteuses d'amendement qui, dans une vigne ordinaire en foule, sillonnent la vigne dans tous les sens, malgré toutes les recommandations des maîtres vignerons et des propriétaires eux-mêmes. L'avantage qu'offre encore cette disposition en sillons à la vendange est incalculable. Les vendangeurs, n'ayant qu'une sente à suivre droit devant eux, en cueillant à droite et à gauche, sans s'écarter du sentier tracé, ne s'entassent pas les uns sur les autres ainsi qu'ils ont la déplorable et inévitable habitude de le faire, pour mieux causer, dans les vignes en foule, où il est impossible de les maintenir en ligne, et où chaque inclinaison de l'hordon à droite ou a gauche coûte au propriétaire autant d'échalas brisés, sans compter ceux qu'on casse en cueillant les raisins, quoiqu'on ait la précaution de délier chaque cep d'après son échalas. Enfin, la surveillance des travaux et l'inspection d'un vignoble sont bien plus faciles; un prompt coup d'œil suffit, le long d'une vigne alignée de la sorte, pour se rendre compte de l'avancement et de la manière dont ont été faits les travaux. Il reste bien entendu que dans chaque sillon ou ados les ceps sont en foule comme dans les vignes ordinaires.

En 1867 et en 1869, toutes deux années de très-moyenne récolte, nous avons visité, en compagnie de vignerons consommés, les propriétés de M. P***, à la veille des vendanges, et nous avons constaté que ces vignes, cultivées en sillons, offraient un produit bien plus considérable que celui que nous avions sous les yeux dans les vignes voisines cultivées dans le système ordinaire.

En 1869, surtout, M. P*** a récolté environ trois fois plus que les autres propriétaires d'Avenay, et nous pouvons affirmer que sa récolte ne laissait rien à désirer sous le rapport de la qualité comparée à celle des produits des vignes voisines, et surtout sous le rapport de la maturité du fruit, points tous deux très-essentiels et qui feront indubitablement rejeter le système de M. le docteur Guyot, dans nos pays, parce que son rendement excessif a un fâcheux résultat sur la maturité et la qualité du fruit, et, par conséquent, sur la vinification dans certaines années où les produits sont de qualité secondaire par suite d'accidents survenus dans les vignes.

Plein de confiance dans ces expériences palpables qu'il suivait avec beaucoup de soins depuis cinq années, notre collaborateur et ami, M. Paul Urbain, a fait, il y a quatre ans, l'application de cette amélioration sur deux arpents qu'il a plantés en sillons, sur le terroir d'Oger, dans le meilleur lieu dit de cette région, appelé les Dhymens. Cette vigne s'étend sur une côte très-rapide, est adossée à la montagne, et se trouve exposée au midi et au sud-est. Fréquemment ravinée auparavant par l'abondance d'eau amenée par les orages, il fallait y faire de grands travaux de restauration que la rapidité du terrain rendait très-dispendieux; ces accidents, dont les suites étaient toujours à craindre, ne se sont pas reproduits depuis l'application du nouveau système. Les sentes forment autant de canaux par où les eaux pluviales peuvent s'écouler sans entraîner, comme auparavant, des quantités considérables de terre qu'il fallait ensuite remplacer à grands frais.

Cet avantage, pour les vignes en côte, serait peut-être un inconvénient grave pour les basses vignes en terrain plat, où l'eau pluviale stationnerait dans les sentes et entretiendrait une humidité superflue qui nuirait à la vigne. Toutefois, comme les vignes situées sur terrain absolument plat sont rares, on ne peut faire que des suppositions sur cet inconvénient.

Dans toutes les autres vignes, où il y un a peu de pente, le système est praticable, l'expérience l'a prouvé et le prouvera encore, si cet essai trouve des imitateurs, et il y en aura certainement.

M. Paul Urbain, dans son article à un journal agricole, terminait ses observations par une invitation aux viticulteurs de notre contrée. Il conviait ceux qui s'intéressent au progrès de notre culture à venir visiter, en 1872, les deux arpents qu'il a créés d'après ce système et à la réussite desquels il avait raison de croire, car moi, son successeur dans la gestion du lot de vigne qu'il a fait valoir et qui appartient à son frère, je puis affirmer que ces deux arpents offrent un aspect très-satisfaisant et ont déjà commencé à bien rapporter, malgré une année peu favorable. M. Urbain attendait cette époque avec une impatience bien justifiée, afin de pouvoir montrer le rapport d'une vigne de quatre ans, dont le développement actuel donne les plus légitimes espérances.

Malheureusement, il sera le premier à manquer à ce rendez-vous, car la mort est venue le frapper au milieu de ses travaux, et l'enlever presque subitement dans la force de l'âge à sa famille et à ses nombreux amis.

Nous avons aussi entendu parler du système de M. Trouillet, mais aucune expérience n'en a encore été faite dans notre pays; nous espérons le voir essayer un jour, nous l'apprécierons après ces essais. Jusqu'à présent, les renseignements que nous avons pu recueillir sur ce système sont tellement insuffisants que nous nous abstiendrons d'en parler, quoique nous ayons entendu dire qu'on allait en faire des essais en Bourgogne pour remplacer le système de M. le docteur Guyot.

Toutefois, c'est au moment où nous cherchions des documents sur ce système, que nous sont parvenus plusieurs numéros d'un journal horticole où nous avons suivi avec intérêt les articles de M. J.-B. Weber sur le congrès viticole tenu en Bourgogne, en 1869.

Au milieu d'excellentes choses qui ont été dites à ce congrès, nous avons trouvé des erreurs, presque des hérésies, au sujet de notre culture champenoise.

Malheureusement, les délégués de notre département à ce congrès, probablement absorbés par d'autres soins, ne les ont pas redressées.

Cependant il se trouvait parmi eux des hommes compétents dans la matière, des commerçants, qui auraient pu donner force preuves que les idées émises à notre sujet étaient erronées. Ces délégués ont surtout porté leur attention sur la manière dont les Bourguignons traitent leurs produits, et l'accueil aimable qu'on leur a fait peut les avoir distraits des autres parties du congrès. Toujours est-il qu'ils en ont rapporté un souvenir des plus agréables.

En ce qui touche les vignes bourguignonnes, nous ignorons si leur culture permet de suivre les conseils du docteur Ménudier des Charentes ; mais ce que nous pouvons affirmer, c'est que, si ces conseils étaient suivis à la lettre en Champagne, la réputation de nos produits et l'avenir de notre vignoble seraient sérieusement compromis. Nous repoussons, pour notre part, cet axiôme que l'on a posé : « Consultez les vignerons bourguignons, champenois et autres des contrées tempérées de la France, ils vous diront tous que les vignes serrées donnent du meilleur vin que celles trop espacées. »

Il se peut que ce soit vrai pour d'autres vignobles, mais pour le vignoble champenois, c'est complètement inadmissible, et nous allons plus loin, nous prétendons que le contraire seul est vrai et que les vignes espacées, sans excès cependant, donnent de meilleur vin que les vignes serrées.

N'importe quel viticulteur, n'importe quel commerçant de nos contrées l'affirmera avec nous. Toutefois, les preuves que nous pouvons en donner feront bien mieux voir combien a été grande l'erreur que l'on a commise à ce sujet en ce qui concerne la Champagne. On peut diviser la propriété viticole champenoise en trois sections : 1° la propriété bourgeoise; 2° la propriété vigneronne moyenne; 3° la petite propriété vigneronne. Ce classement a pour base le nombre de ceps renfermés dans le même espace de terrain :

1° PROPRIÉTÉ BOURGEOISE.

La propriété bourgeoise est la moins drue et quelquefois l'excès est poussé assez loin pour que certaines vignes de propriétaires bourgeois présentent l'aspect d'un bien mal entretenu.

2° PROPRIÉTÉ VIGNERONNE MOYENNE.

La propriété vigneronne moyenne commence à montrer des vignes plus drues et donnant davantage que celles de la section précédente.

3° PETITE PROPRIÉTÉ VIGNERONNE.

Enfin la petite propriété vigneronne offre une quantité bien plus considérable de ceps dans le même espace de terrain, à tel point parfois que les ceps ont l'air de s'enchevêtrer les uns dans les autres. Ces propriétés rapportent presque un tiers en plus que les vignes bourgeoises et toujours un peu plus que la propriété vigneronne moyenne.

Examinons maintenant quels sont les résultats obtenus une fois les vendanges faites et quelles sont les qualités respectives des produits de chaque section.

Les ceps des propriétés bourgeoises portent à peu de chose près, autant de raisins que ceux des autres propriétés, mais comme ils sont moins serrés, il y a moins de rendement que dans des espaces égaux des deux autres classes.

Notre été est souvent pluvieux, les nuits sont souvent fraîches, et le raisin se trouve quelquefois dans des conditions atmosphériques nuisibles à sa maturité. Ce que nous craignons le plus, au moment où le raisin commence à caniculer, ce sont les fraîcheurs; de petites pluies chaudes et du soleil, voilà ce qu'il nous faut.

Or, plus les vignes sont drues, plus l'humidité du sol persiste; plus les fraîcheurs sont à craindre et moins le soleil y pénètre; les raisins se trouvent alors dans les conditions que nous redoutons le plus. Dans les vignes bourgeoises, pas trop drues, l'air circule plus librement, la terre conserve, par conséquent, moins d'humidité, le soleil pénètre plus facilement, chaque cep n'abritant pas son voisin et n'en étant pas couvert, profite du soleil et de l'air; le raisin, se trouvant dans les conditions normales nécessaires à sa maturation grossit, se développe et mûrit bien. Vous voyez alors dans ces vignes de belles grappes dorées qui donnent un vin très-fin, qui n'a pas d'acide et bien blanc, ce que l'on recherche surtout dans notre vignoble.

Aussi, les cuvées bourgeoises, moins considérables que celles tirées des vignes des deux autres classes et d'une même quantité de terrain, sont-elles plus recherchées que les autres et se paient-elles beaucoup plus cher, quelquefois 100 fr. de plus par pièce (200 litres) que celles des propriétaires de la troisième section, et de 30 à 40 fr. de plus que celles des propriétaires de la seconde classe. Le haut commerce les emploie à faire les vins qui sont les plus recherchés et qu'il vend au plus haut prix ; tandis que, avec les cuvées des deux autres classes, il fait ses vins, nous ne dirons pas secondaires, mais qui ne passent pas pour têtes de crûs.

La seconde section se rapproche de la première, à la récolte, ses raisins sont beaux aussi, mais il s'en trouve parmi eux qui, ayant été trop abrités, sont restés verts; les grappes commencent à être plus tassues et le rendement plus considérable. Le vin est encore très-bon, mais la présence de raisins moins bien mûrs lui ôte un peu de qualité, et, quoique cette qualité ne soit pas beaucoup moindre que celle qu'on rencontre dans les produits de la première section, la différence n'en est pas moins sensible, et c'est ce qui établit une distinction dans les prix d'achat.

La troisième section est celle qui donne le plus de produit, mais les raisins récoltés sont quelquefois bien différents de ceux des deux autres propriétés. Dans cette classe, les raisins bien mûrs et dorés sont l'exception, et, quoique la masse présente le plus souvent assez de maturité pour ne pas nuire à la vinification, ces raisins ont moins de valeur à cause de leur aspect et de la qualité des produits qu'ils donnent. Les grappes sont tassues, les grains sont serrés et verts, ce qui indique que le soleil et l'air ont manqué, qu'il y a eu surabondance d'humidité et que les ceps trop rapprochés les uns des autres se sont nui réciproquement. Dans ces conditions, le raisin s'est développé sans prendre de qualité et sans parvenir à une maturité complète.

Dans les années où le raisin a de la peine à mûrir, les autres vignes donnent encore un produit très-utilisable, tandis que celles-ci donnent un vin vert, acide, qu'il faut noyer dans de grandes quantités d'autres vins et qui, quelquefois, nuit à la qualité et rend la manipulation plus difficile, parce que, comme on dit ici, le vin se fait mal. Ces considérations nous feront dire à nos vignerons champenois, le contraire de ce que M. le docteur Ménudier disait aux vignerons bourguignons. Il leur disait : « Voulez-vous en abondance, mais du vin médiocre ? distancez vos ceps ; quant aux Bourguignons, je ne saurais jamais leur conseiller que de serrer les rangs, s'ils ne veulent pas perdre leur réputation acquise depuis des siècles. »

Pour terminer, nous dirons aux viticulteurs champenois : « Voulez-vous la qualité recherchez un peu moins la quantité, espacez davantage vos ceps, sans pour cela arriver à l'excès; les prix monteront et compenseront la quantité; au contraire, si vous recherchez outre mesure la quantité, la qualité et les prix baisseront. Desserrez donc un peu les rangs, vous ferez toujours de bon vin, vous y gagnerez autant et la réputation de nos produits ira toujours croissant. L'avenir de vos propriétés et de notre commerce est là tout entier. »

Neufchâtel. — Imprimerie de Mme Cœurderoy-Féray.

www.ingramcontent.com/pod-product-compliance
Ingram Content Group UK Ltd.
Pitfield, Milton Keynes, MK11 3LW, UK
UKHW022119260726
13993UKWH00003B/1104